Gehörbezogene Auslegung zweistufiger Getriebe unter Berücksichtigung dynamischer Anregungseffekte

Hearing-Related Design of Two-Stage Gearboxes Considering Dynamic Excitation Effects

Von der Fakultät für Maschinenwesen
der Rheinisch-Westfälischen Technischen Hochschule Aachen
zur Erlangung des akademischen Grades eines
Doktors der Ingenieurwissenschaften
genehmigte Dissertation

vorgelegt von

Marius Gregor Schroers

Berichter/in:

Univ.-Prof. Dr.-Ing. Christian Brecher
apl. Prof. Dr.-Ing. Ralf Schelenz

Tag der mündlichen Prüfung: 05. September 2022

Diese Dissertation ist auf den Internetseiten der Universitätsbibliothek online verfügbar.

ERGEBNISSE AUS DER PRODUKTIONSTECHNIK

Marius Schroers

Gehörbezogene Auslegung zweistufiger Getriebe unter Berücksichtigung dynamischer Anregungseffekte

Herausgeber:
Prof. Dr.-Ing. T. Bergs
Prof. Dr.-Ing. Dipl.-Wirt. Ing. G. Schuh
Prof. Dr.-Ing. C. Brecher
Prof. Dr.-Ing. R. H. Schmitt

Band 22/2023

WZL | RWTH AACHEN UNIVERSITY

Fraunhofer IPT

Bibliografische Information der Deutschen Nationalbibliothek
Die Deutsche Nationalbibliothek verzeichnet diese Publikation in der Deutschen Nationalbibliografie; detaillierte bibliografische Daten sind im Internet über https://portal.dnb.de abrufbar.

Marius Schroers:

Gehörbezogene Auslegung zweistufiger Getriebe unter Berücksichtigung dynamischer Anregungseffekte

1. Auflage, 2023

Gedruckt auf holz- und säurefreiem Papier, 100% chlorfrei gebleicht.

Wissenschaftsverlag des Instituts für Industriekommunikation und Fachmedien an der RWTH Aachen
Steinbachstr. 25, 52074 Aachen
Internet: www.apprimus-verlag.de, E-Mail: info@apprimus-verlag.de

Druck: CPI Druckdienstleistungen GmbH
Ferdinand-Jühlke-Straße 7 | 99095 Erfurt

ISBN 978-3-98555-165-1

D 82 (Diss. RWTH Aachen University, 2022)

Vorwort

Die vorliegende Dissertation entstand während meiner Tätigkeit als wissenschaftlicher Mitarbeiter im Forschungsbereich Getriebetechnik am Lehrstuhl für Werkzeugmaschinen am Werkzeugmaschinenlabor (WZL) der Rheinisch-Westfälischen Technischen Hochschule (RWTH) Aachen.

Mein besonderer Dank gilt Herrn Prof. Dr.-Ing. Christian Brecher für die Ermöglichung und die Förderung meiner Forschungstätigkeiten am WZL sowie die wertvollen Anmerkungen zu dieser Arbeit. Ebenso danken möchte ich Herrn Prof. Dr.-Ing. Ralf Schelenz für die Übernahme des Koreferates und die eingehende Durchsicht der Arbeit. Frau Prof. Dr.-Ing. Kirsten Bobzin danke ich für die Übernahme des Vorsitzes im Rahmen meiner Promotionsprüfung.

Für die Finanzierung der dieser Dissertation zugrunde liegenden Forschungsvorhaben gilt mein Dank der Deutschen Forschungsgemeinschaft (DFG), der Arbeitsgemeinschaft industrieller Forschungsvereinigungen (AiF) und dem WZL Getriebekreis. Die kontinuierliche Unterstützung und die zahlreichen Diskussionen innerhalb der verschiedenen Gremien haben einen wertvollen Teil zum Gelingen dieser Arbeit beigetragen. Besonders danke ich der Firma GKN Automotive für die Ermöglichung experimenteller Untersuchungen an einem Anwendungsfall aus der industriellen Praxis. Namentlich hervorheben möchte ich Dr.-Ing. Peter Geradts für die hilfreichen Hinweise und die große Unterstützung. Ebenfalls danken möchte ich der Firma Head Acoustics für die Bereitstellung der Analyse-Software der psychoakustischen Metriken.

Die Erarbeitung der Erkenntnisse dieser Arbeit wäre ohne die Kolleginnen und Kollegen der WZL Getriebeabteilung und ohne das dortige exzellente Forschungsumfeld nicht möglich gewesen. Für die stete Diskussionsbereitschaft und Förderung danke ich Dr.-Ing. Markus Brumm, Dr.-Ing. Christoph Löpenhaus und Dr.-Ing Jens Brimmers. Dr.-Ing. Christian Carl gebührt mein Dank für die wertvollen Anregungen, die mich bereits während meiner Zeit als studentische Hilfskraft geprägt und eine wichtige Grundlage für diese Arbeit gebildet haben. Sowohl für die unermüdliche und stete Diskussions- und Hilfsbereitschaft bei fachlichen Themen als auch für die freundschaftliche Verbundenheit abseits des Schreibtisches, die beide maßgeblich zum Gelingen dieser Arbeit beigetragen haben, möchte ich Dr.-Ing. Mubarik Ahmad, Dr.-Ing. Daniel Piel und Julian Theling danken. Nicht weniger danke ich meinen studentischen Abschlussarbeitern und Hilfskräften für deren großes und unermüdliches Engagement bei den experimentellen und rechnerischen Fragestellungen, auf das ich mich stets verlassen konnte. Aus diesem Kreis möchte ich stellvertretend Alexander Mann, Christian Westphal und Marius Willecke erwähnen.

Für ihr großes Engagement bei der Fertigung der Komponenten sowie bei der Durchführung der Versuche danke ich Kevin Broch, Ingmar Emonts, Rico Gros und seinem Team, Jürgen Krause, Christian May, Timo Schönenberg, Andreas Schumacher und Ed Winkler. Ein großer Dank gilt Lothar Emonts für den jederzeitigen Einsatz bei der

Fertigung der Prüfkomponenten. Rainer Stephan danke ich für die Umsetzung der Anpassungen in der Zahnkontaktanalysesoftware.

Meinen Eltern und meiner Familie gilt mein großer Dank für die bedingungslose Unterstützung und Förderung während meiner gesamten Ausbildung. Der größte Dank gilt meiner Frau Anika. Ihr unendlicher Rückhalt, ihre unendliche Unterstützung und ihre motivierenden Worte haben die Erstellung der Arbeit erst möglich gemacht.

Nettetal, im Juli 2023 Marius Schroers

Kurzzusammenfassung

In dieser Arbeit wird eine Auslegungsmethode für zweistufige Getriebe entwickelt, mit der das dynamische Anregungsverhalten und die gehörbezogene Geräuschbewertung in den Auslegungsprozess integriert werden. Dadurch kann die Entwurfsqualität bereits in einem frühen Entwurfsstadium gesteigert werden. Die Berechnung des dynamischen Anregungsverhaltens erfolgt mithilfe der Mehrkörpersimulation. Zur gehörbezogenen Bewertung werden die psychoakustischen Metriken in einem Kennwert, der wahrgenommenen Lästigkeit, zusammengefasst. Die beiden Komponenten werden in einer iterativen Auslegungsmethode kombiniert, die zur Rechenzeitoptimierung auf einen naturanalogen Partikelschwarmalgorithmus zurückgreift. Die Methodenentwicklung und Kennwertbildung erfolgt an einem zweistufigen Prototypengetriebe, in das die zur Validierung der Rechenmethoden notwendige Messtechnik integriert wird.

Im ersten Schritt wird die Schallentstehungskette in die quasistatische und dynamische Anregung sowie das dynamische Geräuschverhalten unterteilt. Darauf aufbauend werden für jeden Schritt Simulationsmodelle entwickelt und anhand der experimentellen Messdaten validiert. Zur Abbildung der quasistatischen Verzahnungsanregung wird eine FE-basierte Zahnkontaktanalyse auf zweistufige Getriebe erweitert. Das dynamische Anregungsverhalten wird mittels der Mehrkörpersimulation modelliert. Der letzte Schritt der Schallentstehungskette, das dynamische Geräuschverhalten, wird auf Basis experimentell ermittelter Transferfunktionen synthetisiert und psychoakustisch ausgewertet. Entlang der gesamten Schallentstehungskette liegt eine sehr gute Übereinstimmung zwischen Messung und Simulation vor.

Im zweiten Schritt werden Verzahnungsparameter verändert und deren Einfluss auf das Anregungs- und Geräuschverhalten diskutiert. Variationsparameter sind die Zähnezahlen, der Schrägungswinkel und die Phasenverschiebung. Durch die Veränderung der Zähnezahlen werden die Eigenfrequenzen des Antriebsstrangs von unterschiedlichen Harmonischen der Zahneingriffsfrequenz angeregt, was zu einem veränderten Schwingungsverhalten führen kann. Die Anpassung des Schrägungswinkels ermöglicht eine verringerte Einleitung von Axialschwingungen in die umgebende Struktur. Außerdem kann der Gesamt-Drehfehler durch eine Phasenverschiebung von einer halben Teilung zwischen den Getriebestufen reduziert werden. Die Zusammenführung der psychoakustischen Metriken in die wahrgenommene Lästigkeit wird anhand von Hörversuchen durchgeführt und eine Berechnungsformel der Lästigkeit abgeleitet.

Die Kombination der validierten Berechnungskette und der entwickelten Berechnungsformel der Lästigkeit in einer Auslegungsmethode wird im letzten Schritt durchgeführt. Eine ausreichende Betriebssicherheit stellt dabei das notwendige Kriterium dar. Als weitere Zielgrößen können die Masse, die Lästigkeit, der Wirkungsgrad, die Pressung und die Lastverteilung einbezogen werden. Nach der Verifikation der Methode werden die Radsätze des Prototypengetriebes in den betrachteten Zielgrößen verbessert. Anschließend wird die Methode auf ein zweistufiges Demonstratorgetriebe für die E-Mobilität angewendet und die Verzahnungsgeometrie bestimmt.

Abstract

In this work, a design method for two-stage gearboxes is developed, which integrates the dynamic excitation behavior and the hearing-related noise evaluation into the design process. Thus, the design quality can be increased already in an early design step. The dynamic excitation behavior is calculated with the help of multibody simulation. For hearing-related evaluation, the psychoacoustic metrics are combined into one characteristic value, the perceived annoyance. The two components are combined in an iterative design method, which uses a natural-analog particle swarm algorithm for computation time optimization. The development of the method and the generation of characteristic values is carried out on a two-stage prototype gearbox in which the measurement technology required for the validation of the calculation methods is integrated.

In the first step, the noise generation chain is divided into quasi-static and dynamic excitation behavior as well as dynamic noise behavior. Based on this, simulation models are developed for each step and validated using the experimental measurement data. To represent the quasi-static gear excitation, an FE-based tooth contact analysis is extended to two-stage gearboxes. The dynamic excitation behavior is modeled using multibody simulation. The last step of the noise generation chain, the dynamic noise behavior, is synthesized based on experimentally determined transfer functions and psychoacoustically evaluated. There is a very good agreement between measurement and simulation along the entire noise generation chain.

In the second step, gear parameters are changed and their influence on the excitation and noise behavior is investigated. The variation parameters are the number of teeth, the helix angle and the phase shift. By changing the number of teeth, the natural frequencies of the drive train are excited by different harmonics of the gear mesh frequency, which can lead to a change in vibration behavior. Adjusting the helix angle allows for reduced introduction of axial vibration into the surrounding structure. In addition, the total transmission error can be reduced by a phase shift of half a pitch between the gear stages. The aggregation of the psychoacoustic metrics into perceived annoyance is performed based on listening tests and a calculation formula of annoyance is derived.

The combination of the validated calculation chain and the developed calculation formula of the annoyance in a design method is carried out in the last step. A sufficient operational safety represents the necessary criterion. The mass, the annoyance, the efficiency, the pressure and the load distribution can be included as further target variables. After the method has been verified, the gear sets of the prototype gearbox are improved in the considered target variables. The method is then applied to a two-stage demonstrator gearbox for e-mobility and the gear geometry is determined.

Inhaltsverzeichnis

Content

Formelzeichen und Abkürzungsverzeichnis

Formula Symbols and Abbreviations

Buchstaben

A		Akkordanzmaß
A_{Mb}	m/s²	Amplitude Messbereich
a	mm	Achsabstand
a_i		Gewichtungsfaktor Zielgröße i
b	mm	Zahnbreite
$C_{H\alpha}$	µm	Profillinienwinkelabweichung
$C_{H\beta}$	µm	Flankenlinienwinkelabweichung
C_α	µm	Profilballigkeit
C_β	µm	Breitenballigkeit
c/C	N/m	Steifigkeit/Steifigkeitsmatrix
c	m/s	Referenzschallgeschwindigkeit
c_L	m/s	Schallgeschwindigkeit
c_m	N/m	Mittlere Zahnsteifigkeit
d_a	mm	Kopfkreisdurchmesser
d_f	mm	Fußkreisdurchmesser
d_m	mm	Mittlerer Durchmesser
d_W	mm	Wellendurchmesser
d_Z	mm	Durchmesser Zahnradsitz
e	m	Unwucht
F		Forderung
$F(f)$	N	Körperschallanregung
F_D	N	Zahnkraft-Dämpfungsanteil
F_i	N	Berührpunktkräfte
F_S	N	Stoßkraft
F_R	N	Reaktionskraft
F_{RK}	N	Reibkraft
F_{Zf}	N	Zahnkraft-Steifigkeitsanteil
f	Hz	Frequenz

f_{ges}	m	Starrkörperverschiebung
f_z	Hz	Zahneingriffsfrequenz
G	N/m²	Schubmodul
$G_{AA}(f)$		Autoleistungsspektrum von A(t)
$G_{AB}(f)$		Kreuzleistungsspektrum zwischen A(t) und B(t)
$H_{i.St}(f)$	Pa/(m/s)	Übertragungsfunktion Stufe i
$h_{Ü}(f)$	m/s/N	Übertragungsadmittanz
I_P	m⁴	Polares Flächenträgheitsmoment
i		Übersetzung
J	kgm²	Massenträgheitsmatrix
$K_{H\beta}$		Faktor Breitenlastverteilung
k, K	Ns/m	Dämpfung, Dämpfungsmatrix
k	1/m	Kreiswellenzahl
L		Lästigkeit
$L_F(f)$	dB	Kraftpegel
$L_P(f)$	dB	Schallleistungspegel
$L_p(f)$	dB	Schalldruckpegel
$L_{Sh_Ü^2}(f)$	dB	Körperschallmaß
LV		Lastverteilung
l_Δ	mm	Länge zwischen den Zahnrädern
M	Nm	Drehmoment
M_b	Nm	Biegemoment
M_D	Nm	Zahndrehmoment-Dämpfungsanteil
$M_{eq,ab}$	Nm	Äquivalentes Drehmoment
M_R	Nm	Reaktionsdrehmoment
M_{Zf}	Nm	Zahndrehmoment-Steifigkeitsanteil
m	kg	Masse
m_n	mm	Normalmodul
N	sone	Lautheit
N'	sone/bark	Spezifische Lautheit
n	min^{-1}	Drehzahl
n_i		Anzahl Lastwechsel

O_z		Verzahnungsordnung
$P(f)$	W	Schallleistung
p	Pa	Schalldruck/Pressung
p		Steigung der Wöhlerlinie
p_{Wst}		Teilungsposition
R	asper	Rauigkeit
R^2		Varianz
r		Korrelationskoeffizient
r_b	mm	Grundkreisradius
r_{Mik}	m	Mikrofonabstand
S	m²	Körperschallmessfläche
S	acum	Schärfe
S_{DBS}	rad/s²/V	Sensitivität Drehbeschleunigung
S_F		Sicherheit gegen Zahnfußbruch
S_H		Sicherheit gegen Grübchen
s	µm	Abstand Lesekopf
s_d	mm	Wanddicke/Durchmesser
T	tu	Tonhaltigkeit
$T_{Öl}$	°C	Öl-Temperatur
t	s	Zeit
U_{Mb}	V	Spannung Messbereich
$\underline{v}$	m/s	Schallschnelle
$\overline{\tilde{v}(f)}$	m/s	Gemittelte Ausgangsschnelle
W		Wunsch
$X_{i.St}(f)$	m/s	Differenzgeschwindigkeit Stufe i
$X_{Rest}(f)$	Pa	Verzahnungsunabhängiges Restgeräusch
$Y_{LS}(f)$	Pa	Luftschall
Z		Zielgröße
Z_k		Feldimpedanz
Z_0	Ns/m³	Feldimpedanz ebene Welle
z		Zähnezahl

Griechische Buchstaben

α		Signifikanzniveau
$\alpha_{i,i}$	m/N	Einflusszahl
α_n	°	Normaleingriffswinkel
β	°	Schrägungswinkel
$\gamma_{iy}(f)$		Kohärenzfunktion zw. Eingang Stufe i und Luftschall
$\gamma_{12}(f)$		Kohärenzfunktion zwischen den Eingängen
Δ_i	µm	Kontaktabstand
Δ_R	µm	Rundlauf
$\Delta s_{i.St.}$	µm	Einzel-Drehfehler
$\Delta\dot{s}_{i.St.}$	m/s	Differenzgeschwindigkeit
$\Delta\varphi_{ges}$	µrad	Gesamt-Drehfehler
Δc	N/m	Wechselanteil
Δp		Phasenverschiebung
$\Delta\varphi$	rad	Winkel zwischen den Zahnmitten
$\Delta\varphi_z$	rad	Drehfehler
$\Delta\varphi_{z,lb}$	rad	Lastbedingter Drehfehler
$\Delta\varphi_{z,lf}$	rad	Lastfreier Drehfehler
ε_α		Profilüberdeckung
ε_β		Sprungüberdeckung
ε_γ		Gesamtüberdeckung
ζ	%	Verlustgrad
η	%	Wirkungsgrad
Λ		Zielgröße
ρ_L	kg/m³	Dichte Luft
$\sigma(f)$		Abstrahlgrad
τ	rad	Teilungswinkel
φ	rad	Drehwinkel
φ_{Tor}	rad	Verdrehwinkel an der Zwischenwelle
$\dot{\varphi}$	rad/s	Drehgeschwindigkeit
$\ddot{\varphi}$	rad/s²	Drehbeschleunigung
ω	s^{-1}	Referenzeigenkreisfrequenz

Indizes

1	Ritzel erste Stufe
$1.St.$	Erste Stufe
2	Rad erste Stufe
$2.St.$	Zweite Stufe
3	Ritzel zweite Stufe
4	Rad zweite Stufe
Ab	Abtrieb
An	Antrieb
ax	in axialer Richtung
G	Gear
ges	Gesamt
L	Lästigkeit
LV	Lastverteilung
m	Masse
max	Maximal
min	Minimal
mod	Modulation
$norm$	normiert
P	Pinion
p	Pressung
ζ	Verlustgrad

Abkürzungen

BEM	Boundary-Elemente-Methode
BWP	Betriebswälzprüfung
CAD	Computer Aided Design
DBS	Drehbeschleunigungsmesssystem
DIN	Deutsches Institut für Normung
DYNEX1D	Dynamic-Excitation-1D
EWP	Einflankenwälzprüfung
FEM	Finite-Elemente-Methode
FFT	Fast Fourier Transformation

FVA	Forschungsvereinigung Antriebstechnik
GGT	Größter gemeinsamer Teiler
GUI	Graphical User Interface
ISO	Internationale Organisation für Normung
MAC	Modal Assurance Criterion
MKS	Mehrkörpersimulation
SEA	Statistische Energieanalyse
STIRAK	FE-Stirnradkette
WZL	Werkzeugmaschinenlabor
ZAKO3D	Allgemeine 3D Zahnkontaktanalyse

1 Einleitung

In der Auslegung von Zahnradgetrieben existieren neben der Mindestforderung nach Betriebssicherheit verschiedene Zielgrößen wie eine geringe Anregung oder ein hoher Wirkungsgrad [KLOC17 S.89]. Dabei hat sich in Bezug auf das Getriebegeräusch einerseits durch Leichtbaukonzepte und andererseits durch die Elektrifizierung des Antriebsstrangs und dem damit einhergehenden Wegfall der maskierenden Geräusche des Verbrennungsmotors die Relevanz der Getriebeanregung erhöht. Damit einhergehend trägt eine reduzierte Verzahnungsanregung wesentlich zur gesamten Produktqualität bei [HOFA15 S.9–10]. Daraus folgend ist eine hohe Entwurfsqualität hinsichtlich des Geräuschverhaltens in einem frühen Auslegungsschritt des Produktentstehungsprozesses anzustreben, da dort die Auswirkungen konstruktiver Änderungen auf die Entwicklungskosten gering sind [SCHU12 S.233]. Der Einsatz von Simulationswerkzeugen in diesen frühen Entwicklungsschritten wird als *Frontloading* bezeichnet. Durch das Frontloading können spätere aufwendige Anpassungen vermieden und dadurch die Entwicklungskosten reduziert werden [ERNS14 S.2].

Die Berücksichtigung des Anregungsverhaltens erfolgt in der Verzahnungsauslegung fast ausschließlich erfahrungsbasiert oder mit Berechnungsmodellen, die auf quasistatischen Ansätzen beruhen. Für die häufig im Bereich der E-Mobilität eingesetzten zweistufigen Getriebe werden so dynamische Anregungseffekte nicht in den Auslegungsprozess einbezogen. Dynamische Berechnungsmodelle werden in der Auslegung einerseits wegen fehlender validierter Berechnungsmodelle und anderseits wegen der hohen Rechenzeit zur Bestimmung des dynamischen Geräuschverhaltens nicht eingesetzt. Außerdem wird die menschliche Geräuschwahrnehmung nicht als Qualitätsmerkmal einbezogen. Mit den psychoakustischen Metriken existieren zwar Analysen, die auf verschiedene Eigenschaften des Getriebegeräuschs fokussieren. Jedoch ist zur Anwendung in der Auslegung die Überführung in einen zusammengeführten Kennwert wünschenswert. Existierende Kennwerte wie die wahrgenommene Lästigkeit existieren nicht für zweistufige Getriebe.

Daher soll die Arbeit dazu beitragen, dynamische Anregungseffekte und die gehörbezogene Analyse in den Auslegungsprozess von zweistufigen Getrieben zu integrieren. Im Rahmen dieser Arbeit werden entlang der Schallentstehungskette Berechnungsmodelle zum Anregungs- und Geräuschverhalten von zweistufigen Zahnradgetrieben entwickelt und validiert. Darauf aufbauend wird in der gehörbezogenen Analyse des Getriebegeräuschs der Fokus auf die verschiedenen Wahrnehmungsaspekte anhand der psychoakustischen Metriken gelegt und diese in einem Kennwert zur Integration in die Auslegung von zweistufigen Getrieben zusammengefasst. Schließlich wird eine Auslegungsmethode entwickelt, die rechenzeitoptimiert die Auslegung zweistufiger Getriebe unter Berücksichtigung der dynamischen Anregungseffekte und der menschlichen Geräuschwahrnehmung ermöglicht. Damit steht eine validierte Auslegungsmethode zur Verfügung, die die Entwurfsqualität von zweistufigen Getrieben in der Vorentwicklung im Sinne des Frontloadings steigert.

Introduction

In addition to the minimum requirement of sufficient operational load carrying capacity, the design of gearboxes must meet various target values such as low excitation or high efficiency [KLOC17 p.89]. With regard to gear noise, the relevance of gear excitation has increased due to lightweight design concepts on the one hand and the electrification of the drive train and the associated elimination of masking noise from the combustion engine on the other. As a result, reduced gear excitation makes a significant contribution to overall product quality. [HOFA15 p.9-10]. Consequently, a high design quality with regard to noise behavior should be aimed for in an early design step of the product development process, since the effects of design changes on development costs are low there [SCHU12 p.233]. The use of simulation tools in these early development steps is called frontloading. Frontloading can avoid subsequent complex adaptations and thus reduce development costs [ERNS14 p.2].

The consideration of the excitation behavior in the gear design is almost exclusively based on experience or with calculation models that are founded on quasi-static approaches. For two-stage gearboxes frequently used in the field of e-mobility, dynamic excitation effects are thus not included in the design process, which can lead to undesired load and noise increases in later operation. Dynamic calculation models are not used in the design process due to the lack of validated calculation models on the one hand, and on the other hand due to the high computing time required to determine the dynamic noise behavior. Furthermore, human noise perception is not included as a quality characteristic. With the psychoacoustic metrics, analyses do exist that focus on various characteristics of the gear noise. However, for application in design, it would be desirable to convert these metrics into a combined characteristic value. Existing metrics such as perceived annoyance do not exist for two-stage gearboxes.

Therefore, this work shall contribute to the integration of dynamic excitation effects and hearing-related analysis into the design process of two-stage gearboxes. Within the scope of this work, calculation models for the excitation and noise behavior of gearboxes are developed and validated along the noise generation chain. Based on this, the hearing-related analysis of gear noise will focus on the various perceptual aspects using psychoacoustic metrics, and these will be summarized in a characteristic value for integration into the design of two-stage gearboxes. Finally, a design method is developed that allows the design of two-stage gearboxes in a computationally time-optimized manner, taking into account the dynamic excitation effects and human noise perception. Thus, a validated design method is available, which increases the design quality of two-stage gearboxes in an early development step in terms of frontloading.

2 Stand der Technik in Forschung und Industrie
State of the Art in Research and Industry

Während des Betriebs von Zahnradgetrieben stellen insbesondere Stirnradgetriebe häufig eine starke Geräuschquelle dar [OPIT68 S.5]. Zur Steigerung der Entwurfsqualität ist das Ziel der Getriebeauslegung die genaue Beschreibung und Vorhersage dieses Getriebegeräuschs in sowohl quasistatischen als auch dynamischen Betriebspunkten. Daher wird im Folgenden ein Überblick über die bisherigen Arbeiten zum Stand der Technik in Forschung und Industrie dargelegt. Zunächst werden das Vorgehen und die verschiedenen Zielgrößen in der Auslegung von Zahnradgetrieben erläutert. Anschließend wird auf das Anregungs- und Geräuschverhalten von Getrieben fokussiert. Dabei werden die Schallentstehungskette und die Anregungseffekte von zweistufigen Getrieben vorgestellt. Darauf aufbauend wird sowohl die rechnerische Beschreibung der Geräuschentstehung als auch die experimentelle Untersuchung diskutiert. Abschließend wird die menschliche Geräuschbewertung anhand der Psychoakustik vorgestellt.

2.1 Auslegung von Zahnradgetrieben
Methods for Gear Design

Zu Beginn eines Produktauslegungsprozesses steht die Ermittlung der Anforderungen und deren Dokumentation in der Anforderungsliste. Grundsätzlich lassen sich Anforderungen in Rahmenbedingungen sowie Funktional- und Qualitätsanforderungen unterteilen [FELD13 S.323]. In der Getriebeauslegung werden neben grundlegenden Funktionalanforderungen an die Eingangs- und die bereitgestellten Ausgangsleistungsdaten (Drehmoment und Drehzahl) die für den sicheren Einsatz über den gesamten Produktlebenszyklus wichtigen Anforderungen aller Komponenten des Getriebes berücksichtigt. Dazu zählen beispielsweise mechanische Komponenten wie Gehäuse, Wellen, Lager und Verzahnungen. Einen Überblick über mögliche Anforderungen oder auch Zielgrößen an die Verzahnungen sind im linken Teil von **Bild 2.1** dargestellt. Neben der Forderung nach einer ausreichenden Tragfähigkeit der Komponenten wird häufig die Erfüllung weiterer Qualitätsmerkmale wie ein geringes Anregungs- und Geräuschverhalten, ein hoher Wirkungsgrad und eine geringe Getriebemasse gefordert. Ebenfalls wichtige Zielgrößen sind die Reduktion von (Herstellungs-)Kosten sowie die generelle Herstellbarkeit. Dabei wird meist nicht nur die Erfüllung eines, sondern mehrerer Auslegungsziele gefordert, wobei das Optimum einzelner Zielgrößen in der Regel nicht gleichzeitig durch eine Verzahnungsgeometrie erreicht werden kann [KLOC17 S.89].

Die schrittweise, teilweise iterative Bestimmung der Verzahnungsparameter kann in die makro- und mikrogeometrische Auslegung unterteilt werden. Die Auslegung der Makrogeometrie umfasst die Grobdimensionierung von Verzahnungsgrößen wie Achsabstand, Modul und Durchmesser, vgl. Bild 2.1 oben. Demgegenüber wird in der Auslegung der Mikrogeometrie die Feindimensionierung vorgenommen. Dabei können unter Verwendung von quasistatischen Zahnkontaktanalysen die auftretenden Kontaktverhältnisse analysiert und durch Zahnflankenmodifikationen optimiert werden, vgl. Bild 2.1 unten. Anschließend werden die Verzahnungen in Hinblick auf die Anforderungen nachgerechnet und analysiert.

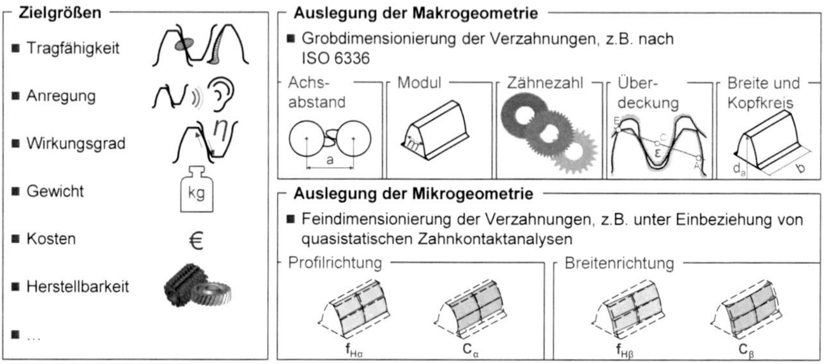

Bild 2.1: Zielgrößen und Vorgehen in der Verzahnungsauslegung
Target Values and Approach in Gear Design

2.1.1 Auslegung der Makrogeometrie

Design of the Macro Geometry

Notwendige Grundforderung in der Getriebeauslegung ist die Erfüllung einer ausreichenden Tragfähigkeit. Zur Tragfähigkeitsbestimmung dienen standardisierte Berechnungsverfahren, die eine Bewertung der Auftretenswahrscheinlichkeit von Schadensarten wie beispielsweise Grübchen und Zahnfußbruch ermöglichen [ISO19b, ISO19c]. Die Basis der Berechnung ist die Gegenüberstellung der ertragbaren Beanspruchbarkeit und der auftretenden Beanspruchung, deren Quotient in einem Sicherheitsfaktor resultiert. Für diese Sicherheitsfaktoren existieren Mindestwerte, die meist in der Anforderungsliste aufgezählt sind. Häufig wird in der Vordimensionierung auf Erfahrungswissen zurückgegriffen. Beim erfahrungsbasierten Ansatz nach NIEMANN/WINTER wird der Verzahnungsentwurf auf Basis einer Kenngröße zur auftretenden Flankenpressung berechnet [NIEM03 S.262-266]. Die Methode erfolgt ohne Iterationsschleifen und kann ohne Rechnerunterstützung angewendet werden. Nachteilig ist die grobe Näherung.

LINKE und NAUNHEIMER entwickelten zur Vordimensionierung zunächst ein überschlägiges Verfahren [NAUN07 S.248-251, LINK10 S.488-491]. Die Basis zur Bestimmung von Achsabstand, Modul und Ritzeldurchmesser ist die Auslegung gegen Grübchen und Zahnfußbruch nach DIN 3990 [DIN87b, DIN87a], deren Inhalte fast vollständig in der ISO 6336 wiederzufinden sind [ISO19b, ISO19c]. Die benötigten geometrieabhängigen Flanken- und Fußfaktoren werden anhand von Vorwissen belegt oder berechnet und führen zu Abweichungen zwischen Vordimensionierung und Nachrechnung. JAROŠ und PARLOW erweiterten das Vorgehen nach LINKE, indem die Flanken- und

Fußfaktoren iterativ nachgerechnet werden und somit eine gute Übereinstimmung zwischen Vordimensionierung und Nachrechnung erzielt werden kann [JARO06, PARL16].

Neben der Erreichung der geforderten Mindestsicherheiten werden zur Bewertung der Varianten die in Bild 2.1 beschriebenen Zielgrößen verwendet. Dabei existieren die meisten Modelle zur Reduzierung der Getriebemasse [RÖMH93, BANS13, PARL16]. Die Analyse des Wirkungsgrads erfolgt meist auf Basis der lastabhängigen Verzahnungsverluste nach OHLENDORF und WIMMER [OHLE58, WIMM06]. Die Reduzierung des Anregungsverhaltens ist besonders relevant im Automobilbereich und dessen Bedeutung wird durch den Wegfall des maskierenden Geräuschanteils des Verbrenners in der E-Mobilität nochmals verstärkt [NAUN07 S.265–266, STEI07 S.13]. Es existiert jedoch kein einheitlicher Kennwert zur Bewertung des Anregungsverhaltens in der Vordimensionierung, da zur realitätsnahen Charakterisierung der gesamte Drehzahlbereich und die Struktur des Gesamtsystems in die Analyse einbezogen werden müssen. Heutige Auslegungsmethoden basieren dagegen auf quasistatischen Ansätzen oder Annäherungen, die die genannten dynamischen Anregungseffekte vernachlässigen. Zur Charakterisierung des Anregungsverhaltens entwickelte MÜLLER den Anregungspegel, der die Anregung in Abhängigkeit der auftretenden Zahnkräfte in Folge der Überdeckungsverhältnisse quantifiziert [MÜLL91 S.35-38]. SATTELBERGER erweiterte den Ansatz für mehrstufige Getriebe, sodass beim Lagerkraftpegel die Lagerkräfte resultierend aus mehreren Zahneingriffen an einer Welle unter Berücksichtigung der Phasenlage einbezogen werden [SATT97 S.21-27]. Die Ansätze von MÜLLER überführte PARLOW in eine geschlossene Berechnungsfunktion und ergänzte diese um die Systemantwort in Form einer vereinfachten Vergrößerungsfunktion. Die approximierte Berechnung der Anregung ergibt sich aus Addition des Anregungspegels und der Systemantwort im Frequenzbereich [PARL16 S.161–162].

Aufgrund des großen, möglichen Variationsraums werden häufig iterative Vorgehensweisen angewendet, die auf verschiedene Variations- und Optimierungsalgorithmen zurückgreifen und auf unterschiedlichen Zielgrößen fokussieren. TENBERGE verglich mathematische und wissensbasierte Ansätze hinsichtlich ihrer Einsetzbarkeit in der Verzahnungsauslegung. Anhand von Beispielauslegungen wurde die Überlegenheit hinsichtlich der Zielgrößen Tragfähigkeit, Anregungsverhalten und Volumen des wissensbasierten Ansatzes nachgewiesen [TENB96 S.101]. Die Tragfähigkeit wird in der Methode über genormte Ansätze nach DIN 3990 einbezogen [DIN87b, DIN87a]. Demgegenüber beschränkt sich die Beurteilung des Anregungsverhaltens auf die Analyse der Überdeckungsverhältnisse [TENB96 S.28].

Zur Reduzierung der Getriebemasse verglichen SAVSANI ET AL. mit einem genetischen Algorithmus erzielte Ergebnisse von YOKOTA ET AL. mit Ergebnissen, die mit einem Partikelschwarm-Algorithmus und einem Simulated-Annealing-Algorithmus bestimmt wurden [YOKO98, SAVS10]. Der Partikelschwarm-Algorithmus weist dabei das höchste Potenzial auf. BANSEMIR und PARLOW wendeten ebenfalls iterative Vorgehensweisen auf Basis verschiedener Zielgrößen unter Benutzung des Simulated-Annealing-Algorithmus und eines genetischen Algorithmus an [BANS13, PARL16].

KIM ET AL. führten eine Optimierung der Makrogeometrie einer Getriebestufe durch und untersuchten den Geometrieeinfluss auf die Zielgrößen Wirkungsgrad, Masse und quasistatische Drehfehlerschwankung bei Einhaltung der geforderten Tragfähigkeit. Die mit einem genetischen Algorithmus erzielten Ergebnisse zeigen die gegenseitige Beeinflussung der Zielgrößen, sodass bei Auslassen einer der Zielgrößen aus der Zielfunktion sich die Leistung dieser Zielgröße maßgeblich reduziert [KIM20 S.12]. PATIL ET AL. legten bei der Auslegung der Makrogeometrie von zweistufigen Getrieben den Fokus auf tribologische Aspekte. Neben der Zielgröße Volumen wurde die Veränderung des Wirkungsgrads bei zwei Drehzahlen und vier verschiedenen Ölen untersucht. Zur Optimierung wurde ein genetischer Algorithmus verwendet [PATI19 S.53].

Bei der Aufteilung der Übersetzung auf die beiden Stufen ergeben sich in Abhängigkeit der gewählten Zielgröße(n) unterschiedliche Optima. Unter Berücksichtigung der Herstellkosten ermittelte EHRLENSPIEL die optimale Aufteilung der Gesamtübersetzung auf die beiden Stufen in Abhängigkeit der Losgröße [EHRL85]. Häufig wird auch eine möglichst geringe Gesamtmasse als Auslegungsziel angestrebt, sodass hier verschiedene Empfehlungen zur Übersetzungsaufteilung vorliegen, die aber ähnliche Tendenzen aufzeigen [RÖMH93 S.70, BANS13 S.92, PARL16 S.93]. Die Unterschiede können durch veränderte Randbedingungen und Vereinfachungen der Einzelansätze erklärt werden. Ein ähnlicher Ansatz zur Übersetzungsaufteilung auf Basis eines minimalen Radsatzvolumens wurde unter anderem von MÖSER sowie von NIEMANN und WINTER entwickelt [MÖSE82, NIEM03 S.261].

Eine Empfehlung zur Übersetzungsaufteilung an zweistufigen Getrieben unter akustischen Zielaspekten existiert bisher nicht. Mögliche Ansätze liegen hier in der Berücksichtigung der technischen Konsonanz, mit der das Auftreten der Anregungsordnungen beider Stufen als angenehm oder lästig klassifiziert werden kann. Existierende Arbeiten beschränken sich bisher auf die Interaktion von einem Elektromotor und einem einstufigem Getriebe oder von mehreren Elektromotoren [KLEM05, FING09].

2.1.2 Auslegung der Mikrogeometrie

Design of the Micro Geometry

Neben der Auslegung der Makrogeometrie bietet die Auslegung der Mikrogeometrie weiteres Potenzial, um das Einsatzverhalten von Getriebestufen zu verbessern. Das Ziel der Mikrogeometrieauslegung ist der Ausgleich von betriebsbedingten Abweichungen im Zahnkontakt, hervorgerufen durch last-, fertigungs- und montagebedingte Verformungen. Die bei der Auslegung der Makrogeometrie eingeführten Zielgrößen wie die Erfüllung der Tragfähigkeit und ein reduziertes Anregungsverhalten werden weiterhin angestrebt. Dazu können die in der ISO 21771 genormten Mikrogeometriemodifikationen verwendet werden, die sich vornehmlich in Abweichungen in Profil- und Breitenrichtung, wie Profil ($C_{H\alpha}$)- und Flankenlinienwinkelabweichung ($C_{H\beta}$), unterteilen lassen [ISO14]. Darüber hinaus existieren weitere nicht standardisierte, topologische Korrekturen wie Welligkeiten oder freie Flankenmodifikationen [SCHÄ08, BRIM20]. Aufgrund der endlichen Maschinensteifigkeiten und des Werkzeugverschleißes treten während des Fertigungsprozesses Abweichungen von der Nennauslegung auf, die in Toleranzklassen unterteilt werden [DIN78c, DIN78b, DIN78a, ISO13, ISO20].

Zur Berücksichtigung des Einflusses von Fertigungsabweichungen auf das Einsatzverhalten verwendete CAO die FE-basierte Zahnkontaktanalyse. Neben fertigungsbedingten Abweichungen wurden lastbedingte Verformungen der Umgebungsstruktur im Auslegungsprozess berücksichtigt [CAO02 S.121–122]. Die Auswertung erfolgte mit grafischen Verfahren, sodass die Analyse auf vier Abweichungsgrößen beschränkt war. Demgegenüber verwendeten ARTONI ET AL. bei der Auswertung der Variantenrechnung einen statistischen Ansatz [ARTO13]. Dadurch ist es möglich, einen Kompromiss zwischen den anvisierten Zielgrößen Tragfähigkeit und Anregungsverhalten über einem vorgegebenen Drehmomentbereich unter Berücksichtigung von Verlagerungen zu erhalten. Außerdem befähigt die Methode zur Berücksichtigung von Fertigungsabweichungen [ARTO13 S.9]. Darüber hinaus untersuchte ARTONI zur Auslegung der Mikrogeometrie von Kegelradsätzen deterministische Optimierungsmethoden wie die Referenzpunktmethode. Als Auslegungsziele können der Wirkungsgrad und die Kontaktpressung berücksichtigt werden [ARTO19 S.110]. GRIGGEL nutzte zur Bestimmung des besten Kompromisses zwischen Anregung, Tragfähigkeit und Wirkungsgrad ebenfalls einen Optimierungsalgorithmus (Simulated Annealing) [GRIG10 S.91-93].

PIEL entwickelte eine Methode zur Auslegung von Zahnflankenmodifikationen eines Windkraftgetriebes [PIEL20]. Einerseits können Einflüsse aus den Steifigkeiten der Umgebungsstruktur und andererseits Einflüsse aus den Fertigungsabweichungen auf die Zielgrößen Anregungsverhalten und Tragfähigkeit in die Methode einbezogen werden. Die statistische Auswertung erlaubt eine veränderliche Gewichtung der Zielgrößen über dem Drehmoment. Als Ergebnis liegt die Beschreibung der Verläufe sowohl der Beurteilungsgrößen der Nennauslegung als auch der Kombination mit dem besten und schlechtesten Einsatzverhalten innerhalb des Toleranzfeldes vor [PIEL20 S.102-107].

2.2 Anregungs- und Geräuschverhalten von Zahnradgetrieben

Excitation and Noise Behavior of Gearboxes

Getriebegeräusche können entsprechend ihrer Ursache in Heulen/Pfeifen, Klappern/Rasseln, Lastwechselanschlaggeräusche, Schaltgeräusche und Lagergeräusche unterteilt werden [NAUN07 S.266]. Dabei stellt vor allem in Zahnradgetrieben das durch die im Betrieb verspannten Zahnräder verursachte Heulen/Pfeifen die dominierende Geräuschart dar, weshalb der Anregungsmechanismus in dieser Arbeit fokussiert wird [WECK92 S.144]. Im Folgenden wird daher zunächst auf die Geräuschentstehungskette von der Anregung im Zahneingriff bis zum wahrgenommenen Getriebegeräusch eingegangen. Anschließend werden die Anregungseffekte an zweistufigen Getrieben und im Zahneingriff vorgestellt.

2.2.1 Geräuschentstehungskette in Zahnradgetrieben

Noise Generation Chain in Gearboxes

Die Geräuschentstehung von Zahnradgetrieben kann in die direkte und die indirekte Schallabstrahlung unterteilt werden. Bei der direkten Abstrahlung werden die Luftteilchen in unmittelbarer Umgebung durch Strömungsvorgänge infolge des Zahneingriffs zu Schwingungen angeregt, vgl. **Bild 2.2** links. Demgegenüber wird der indirekte Luftschall als Folge der Weiterleitung der über der Zeit veränderlichen Erregerkräfte in Form von Körperschall bis zum abgestrahlten Luftschall definiert. Der Körperschall wird dabei vom Zahneingriff über sämtliche Komponenten der Maschinenstruktur zur Oberfläche weitergeleitet, an der die senkrecht zur Oberfläche wirkenden Biegeschwingformen die Luft zu Schwingungen anregen. [WECK92 S.192–194, KOLL00 S.169–170]

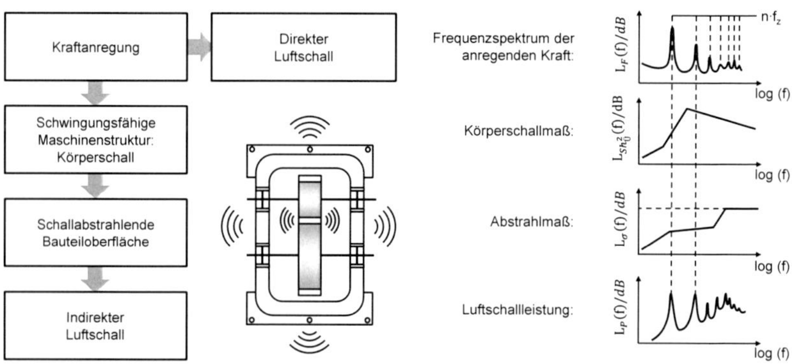

Bild 2.2: Maschinenakustische Schallentstehungskette (Bild nach [MÜLL91 S.2, HOHL02 S.7, CARL14 S.5]

Machine-Acoustic Noise Generation Chain

Der formelmäßige Zusammenhang der Schallentstehung ist in Gleichung (2-1) beschrieben, die als maschinenakustische Grundgleichung bezeichnet wird. Die mittlere quadratische Übertragungsadmittanz repräsentiert die Schwingbereitschaft der Struktur und der Abstrahlgrad die Abstrahleigenschaften an der Oberfläche bei der Umsetzung von Körper- in Luftschall. Die mittlere quadratische Übertragungsadmittanz stellt nach Gleichung (2-2) den Zusammenhang zwischen der dynamischen Anregungskraft und der an der Oberfläche auftretenden Schallschnelle her.

$$P(f) = \rho_L \cdot c_L \cdot S \cdot F^2(f) \cdot h_{Ü}^2(f) \cdot \sigma(f) \quad (2\text{-}1)$$

$$h_{Ü}^2(f) = \frac{\overline{\tilde{v}^2(f)}}{F^2(f)} \quad (2\text{-}2)$$

$P(f)$	[W]	Schallleistung	ρ_L	[kg/m³]	Dichte Luft
c_L	[m/s]	Schallgeschwindigkeit	S	[m²]	Körperschallmessfläche
$F(f)$	[N]	Körperschallanregung	$h_{Ü}(f)$	[m/s/N]	Übertragungsadmittanz
$\sigma(f)$	[-]	Abstrahlgrad	$\overline{\tilde{v}(f)}$	[m/s]	Gemittelte Ausgangsschnelle

Alternativ kann die maschinenakustische Gleichung auch nach Gleichung (2-3) als Pegeldarstellung im Frequenzbereich formuliert werden. Die daraus abgeleitete Pegeladdition im Frequenzbereich ist im rechten Teil von Bild 2.2 dargestellt.

$$L_P(f) = L_F(f) + L_{Sh_{Ü}^2}(f) + 10\log(\sigma(f))dB \quad (2\text{-}3)$$

$L_P(f)$	[dB]	Schallleistungspegel	$L_F(f)$	[dB]	Kraftpegel
$L_{Sh_{Ü}^2}(f)$	[dB]	Körperschallmaß	$\sigma(f)$	[-]	Abstrahlgrad

Im Zuge des Auslegungsziels von geräuscharmen Getrieben lassen sich aus den Ansätzen zur Geräuschentstehung aktive und passive Maßnahmen zur Geräuschminderung ableiten. Dabei wird jeweils zwischen primären und sekundären Maßnahmen unterschieden [WECK06 S.205]. Die aktiven, primären Maßnahmen fokussieren direkt auf die Anregung im Zahneingriff. In Bezug auf die maschinenakustische Grundgleichung wird das Ziel verfolgt, die emittierte Schallleistung durch Anpassung der Anregungskraft zu reduzieren. Die dazu relevanten Anregungsmechanismen werden in den Abschnitten 2.2.2 und 2.2.3 beschrieben. Weitergehend bezeichnen sekundäre, aktive Maßnahmen die Beeinflussung des Körperschalltransferpfads sowie der Schallabstrahlung. Dazu können sowohl Dämpfungs- als auch Dämmungseffekte genutzt werden. Dämpfungseffekte bezeichnen eine Verringerung der Anregungsenergie durch Energiedissipation [CREM96 S.183]. Demgegenüber soll bei der Dämmung der Schall in Folge von Reflexions- und Transmissionseffekten an Unstetigkeitsstellen der Geometrie gezielt im Bauteil geleitet werden [CREM96 S.357]. Die Schwingungsenergie im Bauteil bleibt dabei konstant. Im Bereich der Zahnradgetriebe kann durch Verwendung von Werkstoffverbundradkörpern eine Erhöhung der Dämpfung erzielt werden. Dazu wird durch Integration von Epoxidharzschaum oder pulvermetallurgischem Material in den Transferpfad eine Reduktion des Körperschalls erreicht [MAND06, KOTT18].

Passive Maßnahmen beinhalten die Beeinflussung der Luftschallausbreitung. Zu den primären Maßnahmen zählen vor allem die Kapselung der Schallquelle, während sekundäre Maßnahmen die Anpassung der Schalleinwirkung beim Empfänger durch beispielsweise Gehörschutz umfassen [WECK06 S.205]. In dieser Arbeit wird auf die aktiven, primären Maßnahmen in Form der gezielten Verzahnungsauslegung hinsichtlich des Anregungs- und Geräuschverhaltens fokussiert.

2.2.2 Anregungseffekte zweistufiger Getriebe

Excitation Effects of Two-Stage Gearboxes

Die Anregungseffekte zweistufiger Getriebe lassen sich in Anlehnung an **Bild 2.3** in Effekte außerhalb und innerhalb des Zahneingriffs sowie Effekte durch Wechselwirkungen zwischen den Getriebestufen unterteilen. Zu den äußeren Effekten gehören Lastschwankungen, Stöße, Unwucht und Steifigkeitsschwankungen oder Formfehler der Wälzlager [GERB84 S.21, SALJ87 S.7–8, KAHR90 S.49–50].

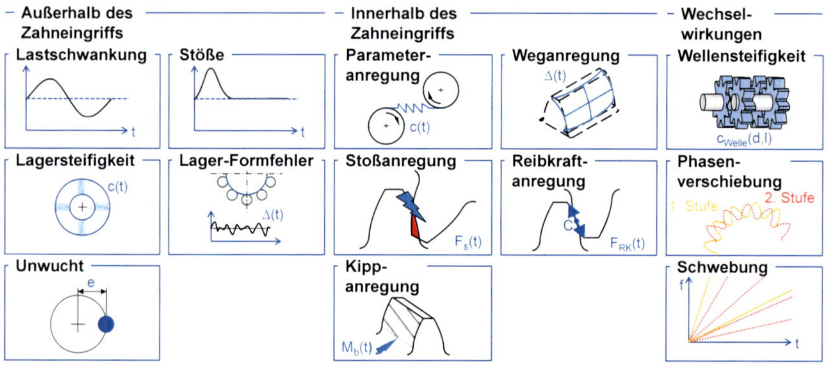

Bild 2.3: Anregungseffekte zweistufiger Getriebe

Excitation Effects of Two-Stage Gearboxes

Die innere Anregung wird direkt durch die Kontaktbedingungen im Zahneingriff bestimmt. Dabei wird das Getriebe in Abhängigkeit der vorliegenden Verzahnungsgeometrie und Belastungszustände zu Schwingungen angeregt. Die inneren Mechanismen können unterteilt werden in die veränderliche Zahnfedersteifigkeit (Parameteranregung), Abweichungen von der evolventischen Flankengeometrie (Weganregung), Eingriffsstoß (Stoßanregung), Reibkraftumkehr im Wälzpunkt (Reibkraftanregung) und lastverteilungsabhängige Kippmomente (Kippanregung) [SALJ87 S.9, CARL14 S.6]. Die Anregungsmechanismen von einzelnen Getriebestufen werden in Abschnitt 2.2.3 beschrieben. Bedingt durch die benachbarten Zahneingriffe bei zwei- oder mehrstufigen Getrieben kommt es bei diesen Getriebetypen zu Wechselwirkungen zwischen den Getriebestufen, die das Anregungs- und Geräuschverhalten beeinflussen. Dazu zählen die Steifigkeit der Verbindungswelle zwischen den Getriebestufen, die Phasenverschiebung und Schwebungseffekte [SATT97 S.21-31, ZHOU11 S.6]. Die bisher durchgeführten Untersuchungen zur Analyse dieser Wechselwirkungen werden im Folgenden vorgestellt.

GOLD führte rechnerische und experimentelle Untersuchungen an einem dreistufigen Getriebe durch. Die detaillierte Berechnung der Nachgiebigkeiten der Getriebebauteile stellt die Grundlage der Arbeit dar. Damit konnte das statische Verhalten mehrstufiger Getriebe berechnet und experimentell abgesichert werden. Auf Basis des statischen Verhaltens entwickelte GOLD zur dynamischen Analyse sowohl ein Drehschwingungsmodell mit nur einem Drehfreiheitsgrad, sowie ein räumliches Rechenmodell mit allen sechs Freiheitsgraden. Die Arbeit zeigt, dass zur Bestimmung der Eigenfrequenzen mehrstufiger Getriebe räumliche Rechenmodelle notwendig sind und nur in Ausnahmefällen (niedrige Drehsteifigkeiten der Getriebeantriebselemente) die niedrigste Eigenfrequenz mit einem Drehschwingungsmodell bestimmbar ist. Außerdem müssen neben dem Getriebe angekoppelte Bauteile, wie Aggregate und Maschinen, zur realitätsnahen Ermittlung von Eigenfrequenzen und Eigenschwingungsformen berücksichtigt werden. [GOLD79]

VINAYAK ET AL. beschrieben die Bewegungsgleichungen für ein einstufiges Getriebe mit allen sechs räumlichen Freiheitsgraden. Das Simulationsmodell wurde zur Analyse einer Räderkette mit drei Zahnädern und einem zweistufigen Getriebe erweitert. Es wurden Modifikationen des Modells mit zeitlich veränderlichen und konstanten Parametern untersucht. Die rechnerischen Ergebnisse zeigen, dass Wechselwirkungen zwischen den Zahneingriffen existieren. [VINA95]

SATTELBERGER untersuchte sowohl experimentell als auch rechnerisch das dynamische Verhalten eines ein- und eines zweistufigen Stirnradgetriebes. Bei der Analyse des zweistufigen Getriebes legte er den Fokus auf die Kopplungssteifigkeit zwischen beiden Zahneingriffen und die Phasenverschiebung bedingt durch die Phasenlage beider Zahneingriffe. In Bezug auf die Kopplungssteifigkeit stellte er einerseits fest, dass bei einer geringen Kopplungssteifigkeit die Zahneingriffe unbeeinflusst voneinander sind. Andererseits kann bei einer steifen Ankopplung die gegenseitige Beeinflussung der beiden Zahneingriffe sehr relevant sein. Ebenfalls stellte er fest, dass bei gleichen oder ähnlichen Zahneingriffsfrequenzen der beiden betrachteten Eingriffe die Anpassung der Phasenlage um eine halbe Teilung relativ zueinander zur Anregungsreduzierung geeignet ist. Diese Beobachtung konnte an einer Parallelschaltung von zwei Stirnradstufen mit halber Verzahnungsbreite, die um eine halbe Teilung gegeneinander verdreht sind, bestätigt werden. [SATT97]

Die Ergebnisse von SATTELBERGER konnten durch die Untersuchungen von CHEON bestätigt werden. CHEON untersuchte in einer rechnerischen Studie ebenfalls die Phasenlage, in dem eine Parallelschaltung von zwei geradverzahnten Stirnradstufen betrachtet wurde. Eine minimale Anregung tritt demnach bei relativer Verdrehung der beiden Stirnräder auf einer Welle um exakt eine halbe Teilung auf. [CHEO10]

KUBUR ET AL. benutzten zur rechnerischen Analyse von mehrstufigen Getrieben ein Simulationsmodell mit sechs Freiheitsgraden, das aus beliebig vielen Getriebestufen bestehen kann. Das Modell wurde an experimentellen Ergebnissen eines einstufigen Getriebes validiert. Anschließend wurden anhand eines zweistufigen Getriebes verschiedene Parameter rechnerisch variiert. Die Auswirkungen der Veränderung der Länge der Verbindungswelle, der Lagersteifigkeiten, der Phasenverschiebung und der Orientierung der Schrägungswinkel auf die Zahnkraft- und Lagerkraftverläufe wurden dargelegt. [KUBU04]

In einer theoretischen Studie von AL-SHYYAB und KAHRAMAN wurden zwei unterschiedliche Berechnungsmethoden zur Lösung von Mehrkörpersimulationsrechnungen verglichen. Die Studie wurde am Beispiel eines zweistufigen Getriebes durchgeführt. Bei der Modellierung wurde sich unter Berücksichtigung von Verdrehflankenspiel, veränderlichem Zahnsteifigkeitsverlauf und äußeren Anregungen auf den Drehfreiheitsgrad beschränkt. [ALSH05]

Zhou et al. stellten akustische Untersuchungen an einem zweistufigen Getriebe sowohl rechnerisch als auch experimentell an. Der Abgleich zwischen Messung und Simulation zeigt eine gute Übereinstimmung. Dabei treten neben den Zahneingriffsfrequenzen auch Modulationsfrequenzen auf, was auf eine Wechselwirkung zwischen den Zahneingriffen hindeutet. Die Analyse der auftretenden Ordnungen erlaubte einen Rückschluss auf die für die Modulation verantwortlichen Zahneingriffe, sodass die Ursache bedingt durch den Werkzeugverschleiß während des Fertigungsprozesses identifiziert werden konnte. [ZHOU11]

In einer rechnerischen Studie von Byrtus et al. wurde ein zweistufiges Getriebe mitsamt einem flexiblen Gehäuse untersucht. Durch die höhere Anzahl an betrachteten Komponenten wurde eine gleichzeitige modale Reduzierung der Freiheitsgrade in die vorgestellte Methodik integriert. Die gezielte Untersuchung der Zahneingriffe erfolgte sowohl anhand der gespeicherten Verformungsenergie des Getriebes als auch der kinetischen Energie im Zahneingriff und ermöglichte eine Detektion und vorherige Vermeidung von kritischen Betriebspunkten. [BYRT11]

Hesse untersuchte durch Variation der Verzahnungsanregung experimentell die Wechselwirkungen im Antriebsstrang. Die Verzahnungsanregung wurde durch wechselnde Zahnflankentopografien variiert. Der betrachtete Prüfaufbau bestand aus der Gangstufe eines Schaltgetriebes. Der Aufbau entspricht unter Berücksichtigung der Vorgelegestufe einem zweistufigen Getriebe, das über eine Gleichlaufgelenkwelle mit einem Hypoidgetriebe verbunden ist. Aufgrund der großen Abstände und dem Einfluss der Gelenkwellensteifigkeit zeigen sich geringe Wechselwirkungen zwischen den Eingriffen. Demnach hat das Übertragungsverhalten der Elemente zwischen den Zahnrädern einen erheblichen Einfluss. [HESS12]

Bihr entwickelte einen Berechnungsablauf zur Lösung von Schwingungsmodellen mehrstufiger Getriebe unter Berücksichtigung des räumlichen Schwingungsverhaltens des Welle-Lager-Systems. Voraussetzung für das Rechenmodell ist eine kleine Parameteranregung bei anregungsarmen Schrägverzahnungen. Die Validierung der Eigenfrequenzberechnung erfolgte mittels Modal- und Betriebsschwingungsanalyse am Verspannungsprüfstand. [BIHR16]

Utakapan et al. verwendeten zur rechnerischen Analyse des Anregungsverhaltens zweistufiger Getriebe den Lagerkraftpegel, der aus den quasistatisch berechneten Kraftanregungen der Verzahnungsstufen ermittelt wurde. Kritisch wird dabei angemerkt, dass dynamische Einflüsse so unberücksichtigt bleiben. Mit experimentellen Körperschallergebnissen wurde ein Vergleich zwischen Messung und Simulation zur Analyse der resultierenden Lagerkräfte durchgeführt. [UTAK18]

2.2.3 Anregungseffekte im Zahneingriff

Excitation Effects in Gear Mesh

Neben der Analyse der Wechselwirkungen zwischen den Getriebestufen ist die Kenntnis und das Verständnis der Anregungseffekte eines Zahnradpaares unerlässlich. Die Erkenntnisse zu den Anregungsmechanismen werden in diesem Abschnitt beschrieben. Die Weganregung überwiegt vor allem bei Betriebspunkten mit niedriger Last. Demgegenüber werden bei höheren Lasten die Parameter- und die Stoßanregung dominant [SALJ87 S.26]. In Betriebsbereichen, in denen Anregungen resultierend aus den drei genannten Mechanismen minimiert wurden, können überdies die Reibkraft- und die Kippanregung relevante Anregungsanteile aufweisen [TEJA17 S.9].

Parameteranregung

Die Parameteranregung wird durch die während des Abwälzvorganges veränderliche Zahnsteifigkeit unter Last verursacht. Durch die aufgeprägte Zahnkraft erfährt jeder Zahn eine Verformung, die abhängig von der Höhe der Last, des Werkstoffs, der Zahngeometrie und des Kraftangriffspunktes ist [VDI90 S.6]. Die Gesamtzahnsteifigkeit setzt sich dabei aus den Steifigkeiten aller im Eingriff befindlichen Zahnpaare zusammen. Die Anzahl der aktiv an der Lastübertragung partizipierenden Zahnpaare ist abhängig von den Überdeckungsverhältnissen und kann entlang der Eingriffslinie veränderlich sein [BOSC65 S.5-11, ZIEG71 S.124]. Zur Beschreibung der Gesamtzahnsteifigkeit wird die mittlere Zahnsteifigkeit c_m sowie der Wechselanteil Δc verwendet. Die mittlere Zahnsteifigkeit bestimmt zusammen mit den Massen die Lage der Hauptresonanz der Verzahnung. Die Form des Wechselanteils bestimmt die Frequenzzusammensetzung und dessen Amplitude die Anregungsintensität bzw. Größenordnung der Schwingung [SALJ87 S.21].

Zur Verringerung der steifigkeitsbedingten Anregung empfahl ZIEGLER die Wahl von ganzzahligen Gesamtüberdeckungen [ZIEG71 S.123]. BAETHGE stellte eine Reduktion der Anregung bei einer möglich konstanten Länge der Berührlinien über dem Abwälzen fest, die bei ganzzahligen Sprungüberdeckungen vorliegen [BAET69 S.48]. MÜLLER bestätigte die Ergebnisse von BAETHGE und untersuchte zusätzlich den Einfluss der Profilüberdeckung auf die Parameteranregung. Demnach kommt es bei Profilüberdeckungen im Bereich von $\varepsilon_\alpha = 1{,}7 - 1{,}8$ zu geringen Anregungsanteilen [MÜLL91 S.67].

Weganregung

Abweichungen von der idealen Evolventengeometrie führen zu einer Verletzung des Verzahnungsgesetzes. Die Berührpunktnormalen schneiden dann nicht mehr den Wälzpunkt und Übersetzungsschwankungen treten auf, die zu Schwingungen führen können [KLOC17 S.12–13]. Zu den bei realen Verzahnungen auftretenden Abweichungen zählen fertigungs-, montage- oder lastbedingte Abweichungen sowie gezielt aufgebrachte Modifikationen. Abweichungsbehaftete Verzahnungen können schon im lastfreien Zustand zu Schwingungsanregungen führen [VDI90 S.7–8]. Unterteilen lassen sich die Abweichungen entlang ihres Auftretens über dem Umfang des Zahnrads. Abweichungen, die an jedem Zahn identisch auftreten, treten mit der kurzwelligen

Zahneingriffsfrequenz und deren Höherharmonischen auf. Demgegenüber führen weniger häufig entlang des Umfangs auftretende Abweichungen wie Taumel, Teilungsfehler oder Exzentrizitäten zu langwelligen Anregungsfrequenzen, die mit der jeweiligen Periodizität unterhalb der Zahneingriffsfrequenz und Modulationen in Form von Seitenbändern auftreten [LAND03 S.138–139, AHMA20].

Wie in Abschnitt 2.1.2 beschrieben existieren in der Literatur zahlreiche Arbeiten, die mittels Mikrogeometriemodifikationen eine reduzierte Anregung erzielen. Dazu werden bisher ausschließlich Korrekturen verwendet, die mit Zahneingriffsfrequenz auftreten [SALJ87, MÜLL91, CAO02, SCHÄ08, GRIG10, ARTO13].

Stoßanregung
Bei Drehmomentbelastung eines Getriebes werden die im Eingriff befindlichen Zähne elastisch verformt. Durch die Deformation werden die theoretischen Bedingungen des Verzahnungsgesetzes nicht mehr erfüllt [TESC69 S.131–132]. Stattdessen liegt als Folge dessen zwischen dem im Eingriff verformten und dem folgenden noch lastfreien Zahnpaar eine verkürzte Eingriffsteilung vor. Der Eingriff kann nun nicht an der theoretischen Sollposition erfolgen, sondern es kommt zu einer theoretischen Durchdringung der Zahnflanken, die zu einem vorzeitigen Eingriffsbeginn und einer stoßartigen Beschleunigung führt [SALJ87 S.10-19]. Neben der lastbedingten Verformung können Teilungsfehler ebenfalls ursächlich für diesen Anregungseffekt sein.

Eine Möglichkeit zur Reduktion der Stoßanregung liegt in der Verwendung von Profilrücknahmen im Kopfbereich. Die Auslegung kann einerseits mit analytischen Formeln oder auf Basis der FE-basierten Zahnkontaktanalyse in Verbindung mit der Durchdringungsrechnung erfolgen [NIEM03 S.112-115, BREC16]. Außerdem führt der Einsatz von Verzahnungen mit kleinen Zahnfedersteifigkeiten zu Eingriffsbeginn (Schräg- und/oder Hochverzahnungen) ebenfalls zur Verringerung der auftretenden Stoßkraft [WECK92 S.149] .

Reibkraftanregung
Während des Abwälzvorganges verändert sich die Tangentialgeschwindigkeit kontinuierlich vom Eingriffsbeginn bis zum Eingriffsende und dadurch verändern sich auch die Reibbedingungen. Die entstehenden Reibkraftvektoren kehren sich am Wälzkreis um und bewirken eine vor allem senkrecht zur Eingriffsrichtung hervorgerufene Anregung. Insbesondere bei niedrigen Drehzahlen und niedrigen Schrägungswinkeln wird dieser Anregungsmechanismus relevant [BÖRN96 S.8, VELE00 S.522]. Ansätze zur simulativen Abbildung der Reibkraftanregung wurden von VELEX und CAHOUET, LUNDVALL ET AL. und HE ET AL. hergeleitet [VELE00, LUND04, HESI08]. Eine Vergrößerung des Schrägungswinkels und die daraus resultierende erhöhte Sprungüberdeckung führen zu einer Verringerung des Anregungseffektes.

Kippanregung
Weiterhin können bei Schrägverzahnungen örtliche Lastverteilungen auftreten, deren Schwerpunkt sich periodisch während des Abwälzvorganges axial entlang der Zahnbreite verschiebt und dadurch zu dynamisch wirksamen Kippmomenten führt [BÖRN96 S.8, PALE12 S.3998]. An Relevanz kann dieser Anregungsmechanismus

für Lastfälle gewinnen, für die der Drehfehler auf Basis der bereits vorgestellten Anregungskomponenten optimiert wurde [TEJA17 S.9]. Beeinflusst wird dieser Anregungsmechanismus durch die Überdeckungsverhältnisse, die lokale Nachgiebigkeit und Formabweichungen in Breitenrichtung. Konstruktive Verringerungsmaßnahmen liegen in der Reduktion der Verzahnungsbreite und des axialen Abstands der Lagerstellen [CARL14 S.11, KLOC17 S.631].

2.3 Berechnungsmethoden zur Bestimmung des Anregungs- und Geräuschverhaltens

Calculation Methods for Determining the Excitation and Noise Behavior

Bei der rechnerischen Abbildung des Anregungs- und Geräuschverhaltens können die zur Verfügung stehenden Berechnungswerkzeuge analog zur Aufteilung entlang der Geräuschentstehungskette in Abschnitt 2.2.1 unterteilt werden. In Abhängigkeit der Betriebsbedingungen erfolgt die Abbildung und Analyse der Anregung im Zahneingriff entweder mit der quasistatischen Zahnkontaktanalyse oder mit Mehrkörpersimulationsmodellen, bei denen dynamische Belastungsverläufe berücksichtigt werden können. Anschließend erfolgt die weitere Modellbildung zur Beschreibung des Geräuschverhaltens, zu denen verschiedene Modellierungsansätze im Stand der Technik vorgestellt werden. Im folgenden Abschnitt werden die Berechnungsmethoden anhand dieser Dreiteilung diskutiert.

2.3.1 Berechnung des Anregungsverhaltens unter quasistatischen Betriebsbedingungen

Calculation of the Excitation Behavior under Quasi-Static Operating Conditions

Das quasistatische Einsatzverhalten hängt maßgeblich von der Bestimmung der lokalen Steifigkeiten und Kontaktverhältnisse im Zahneingriff ab. Diese stellen die Basis für die Bestimmung der Ergebnisgrößen, wie die Lastverteilung, dar. In der Literatur existieren verschiedene Methoden zur Ermittlung der Steifigkeiten von Verzahnungen. Analytische Verfahren basieren auf dem Balkenmodell nach WEBER und BANASCHEK [WEBE55]. Durch die Verbindung von balken- und plattentheoretischen Ansätzen wird eine Berechnung der Lastverteilung von Schrägverzahnungen möglich [SCHM73]. Darüber hinaus können Steifigkeiten von weiteren Bauteilen wie nachgiebige Radkörper in die Rechenmethode durch die Verwendung von Einflusszahlenmatrizen eingebunden werden, die extern über die FEM bestimmt wurden [PLAC88 S.121].

Andere Ansätze fokussieren zur Bestimmung der Steifigkeiten auf höherwertigen, numerischen Verfahren wie der Finite-Elemente-Methode (FEM) oder der Boundary-Elemente-Methode (BEM). Prinzipiell eignet sich die FEM dazu, das Einsatzverhalten ohne Vereinfachungen in der Abwälzsimulation durchzuführen. Nachteilig ist die hohe Rechenzeit, die einen Einsatz der reinen FEM in der Verzahnungsauslegung verhindert, sondern nur in Einzelfällen Anwendung finden lässt [KLOC17 S.584]. Stattdessen wird ein kombinierter FE-basierter Ansatz verwendet. Dazu werden zunächst im lastfreien, unverlagerten Zustand die Berührpunkte bestimmt und in ein FE-Netz übertragen [NEUP83, BONG90]. Als Ergebnis liegt die Lastverteilung über dem Abwälzvorgang vor, vgl. **Bild 2.4**.

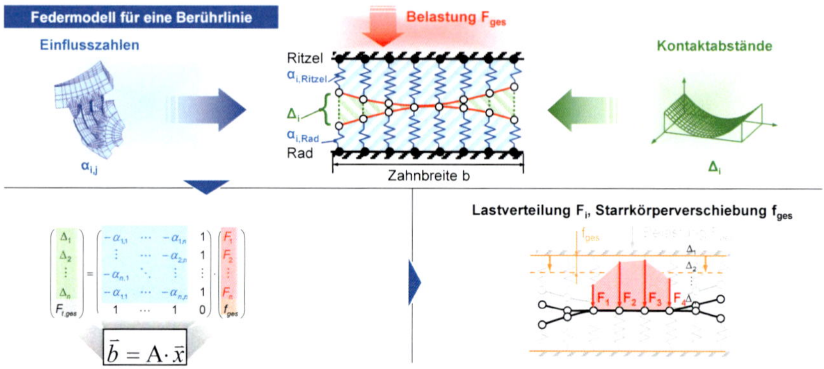

Bild 2.4: Zahnkontaktanalyse mit dem FE-basierten Federmodell [SCHÄ08 S.19]
Tooth Contact Analysis with the FE-based Spring Model

Bei der Kontaktfindung wird zwischen flächigen oder räumlichen Kontaktbedingungen unterschieden. Der flächige Kontaktansatz nutzt die Kontaktbedingungen der Evolventenverzahnung zur Vereinfachung des Eingriffsfeldes und zur Bestimmung der Berührpunkte aus. Als Beispiel seien die Programmsysteme RIKOR und STIRAK genannt [PLAC88, BONG90]. Trifft diese Vereinfachung nicht zu, muss auf einen dreidimensionalen Kontaktansatz zurückgegriffen werden, der beispielsweise in der allgemeinen Zahnkontaktanalyse ZAKO3D Anwendung findet [HEMM07]. Durch die reduzierte Rechenzeit im Vergleich zur reinen FEM kann die Zahnkontaktanalyse mit Hilfe von Variantenrechnungen zur Auslegung von Flankenmodifikationen unter Berücksichtigung der Fertigungsabweichungen genutzt werden [CAO02].

Häufig fokussieren die Zahnkontaktanalysen auf Einzelstufen. Darüber hinaus ist es im Programmsystem STIRAK möglich, Zahnradgetriebe mit Mehrfacheingriff wie zweistufige Getriebe abzubilden [WECK03]. Die Phasenlage der Eingriffe bedingt durch die geometrische Anordnung der Eingriffe zueinander wird in das Kontaktmodell einbezogen [WECK03 S.13-18]. Die Abbildung der Verbindungswellen erfolgt über einen analytischen Ansatz nach FALK [FALK56]. Dabei wird die Wellentorsion vernachlässigt. Jedoch erfolgt die Auswertung der Getriebestufen weiterhin separat und es findet keine ganzheitliche Auswertung des Einsatzverhaltens unter Berücksichtigung der Wechselwirkungen statt [WECK03].

2.3.2 Berechnung des Anregungsverhaltens unter dynamischen Betriebsbedingungen

Calculation of the Excitation Behavior under Dynamic Operating Conditions

Im Gegensatz zur Abbildung des quasistatischen Anregungsverhaltens wird bei den Rechenmethoden mit Berücksichtigung dynamischer Anregungseffekte die Interaktion zwischen Anregung und Systemantwort des Antriebsstrangs einbezogen. Dazu zählt insbesondere die erhöhte Anregung und Belastung in Resonanzstellen. Dabei können sowohl Unterschiede in der Modellierungstiefe des Zahneingriffs als auch der berücksichtigten Freiheitsgrade festgestellt werden. Die Basis aller Modelle stellt der Einmassenschwinger einer Getriebestufe dar. Die Drehbewegung wird dabei in eine entlang der Eingriffslinie translatorische Bewegung transformiert [BOSC65 S.23].

Bei der Modellerstellung von Antriebssträngen wird zwischen (erweiterten) Drehschwingungsmodellen und starren oder elastischen Mehrkörpersystemen unterschieden [SCHU08 S.15-16]. Drehschwingungsmodelle bestehen aus starren Massenträgheiten, die nur den rotatorischen Freiheitsgrad aufweisen und über masselose Feder-Dämpfer-Elemente gekoppelt sind. Bei den erweiterten Drehschwingungsmodellen wird zusätzlich noch der axiale Freiheitsgrad berücksichtigt, um Anregungseffekte bei Schrägverzahnungen durch Axialkräfte zu analysieren. Bei den räumlichen Mehrkörpersystemen weisen die entweder elastischen oder starren Körper bis zu sechs räumliche Freiheitsgrade auf.

Bei der Modellierung des Zahneingriffs können vereinfachte Steifigkeitsverläufe über sinus- oder rechteckförmige Ansätze berücksichtigt werden [WINK75, MÖLL82, VAIS01]. Die in Abschnitt 2.2.3 beschriebenen Anregungsmechanismen führen jedoch häufig zu nichtlinearen Anregungseffekten. Daher existieren einige Berechnungsansätze, die die Modellierung des Zahneingriffs mithilfe einer zeitdiskreten Zahnkontaktanalyse ermitteln [VELE06, FRÜH08, WAGN18, WEST21]. Dabei muss in jedem Zeitschritt eine numerisch aufwändige Kontaktfindung und –lösung durchgeführt werden. Aufgrund der hohen Rechenzeiten werden diese Ansätze unter anderem für die Analyse von dynamischen Stoßvorgängen verwendet [ZIEG12, DO15].

Ein alternativer Ansatz besteht in der Abbildung der nichtlinearen Verzahnungsanregung über vorberechnete Kennfelder, sodass die numerisch aufwendige Kontaktfindung durch weniger aufwendige Interpolationsoperationen ersetzt wird. GACKA erweiterte dazu die Arbeiten von BOSCH und MÖLLERS und entwickelte das in **Bild 2.5** dargestellte Kraftkoppelelement [BOSC65, MÖLL82, GACK13]. Als Eingangsgrößen werden die Drehwinkel und –geschwindigkeiten der am Eingriff beteiligten Räder benötigt. Als Ausgangsgrößen werden für jeden Zeitschritt die auftretenden Kräfte und Momente auf Basis der Anregungskennfelder und eines Dämpfungsansatzes berechnet.

Alle dynamischen Berechnungsansätze eint der hohe Berechnungsaufwand und die daraus folgenden hohen Rechenzeiten, was die Anwendung dieser Rechenmethoden in Form von vollfaktoriellen Variantenrechnungen in der Auslegung verhindert. Um dennoch das dynamische Anregungsverhalten bei reduzierten Rechenzeiten in der Auslegung zu berücksichtigen, kann das Schwingungsmodell des rotatorischen Ein-Massenschwingers durch Linearisierung der Anregung vereinfacht werden [GEIS02 S.27-37, BIHR16 S.43-51]. Dabei werden Schwingungsterme höherer Ordnung der Verzahnungssteifigkeit vernachlässigt, wodurch dieser Ansatz nur bei Schrägverzahnungen mit gleichmäßiger Gesamt-Zahnfedersteifigkeit Anwendung finden sollte [GEIS02 S.106]. VELEX und AJMI wiesen darüber hinaus die Anwendbarkeit dieses Ansatzes für mehrdimensionale Schwingungsmodelle nach [VELE07 S.1519-1524].

CARL griff die Ansätze von GEISER und VELEX auf und leitete ein linearisiertes Systemmodell der dynamischen Anregung ab, das den Zusammenhang zwischen der quasistatischen Wälzabweichung und der dynamischen Differenzschnelle als deren zeitliche Ableitung herstellt [CARL14 S.109-112]. Dadurch können Variantenrechnungen auf Basis der bekannten Vorteile der quasistatischen Zahnkontaktanalyse unter Einbeziehung des dynamischen Anregungsverhaltens durchgeführt werden.

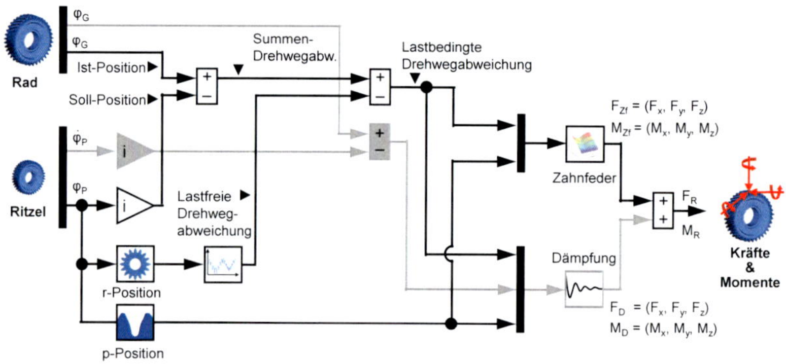

Bild 2.5: Kraftkoppelelement für Stirnräder [GACK13 S.72]
Force Coupling Element for Cylindrical Gears

2.3.3 Berechnung des Geräuschverhaltens

Calculation of the Noise Behavior

Die Berechnung des Geräuschverhaltens kann gemäß Bild 2.2 in die Berechnung des strukturdynamischen Übertragungsverhaltens und des Abstrahlverhaltens unterteilt werden. Da stark vereinfachte oder auf Näherungsformeln basierende Modelle nur grobe Informationen erlauben, werden vorwiegend detailliertere Rechenansätze verwendet, die im Folgenden vorgestellt werden.

Berechnung des strukturdynamischen Übertragungsverhaltens

Das Ziel in der Berechnung des strukturdynamischen Übertragungsverhaltens ist die Vorhersage des Körperschalls an Koppelstellen zu umgebenden Strukturbauteilen und an den Abstrahlpunkten auf der Gehäuseoberfläche verursacht durch die Anregung im Zahneingriff. Ergebnisgrößen sind die Lage der Eigenfrequenzen sowie deren Eigenschwingformen und der Körperschallpegel von definierten Strukturpunkten. Zur Berechnung eignen sich verschiedene Ansätze wie die FEM, BEM, Strukturintensitätsanalyse und die statistische Energieanalyse (SEA), wobei die FEM die am häufigsten genutzte Methode darstellt [LYON95, KOLL00 S.197-221, HERI12].

Bei der Berechnung des Strukturverhaltens mit der FEM haben sich zwei Herangehensweisen etabliert, bei denen die Körperschallberechnung entweder ein separater Rechenschritt oder ein integriertes Berechnungsziel ist. Bei der separaten Simulationsstrategie werden die Anregungskräfte resultierend aus dem Zahneingriff in einem vorgelagerten Schritt berechnet und dienen als Eingangsgröße für das Strukturmodell zur Berechnung des Körperschalls [NAAS01, BLEI14, GUO14, KURU15 S.45-58]. Demgegenüber wird bei der integrierten Vorgehensweise ein gesamtes Simulationsmodell beispielsweise in der MKS aufgebaut, bei dem flexible Bauteile aus der FEM als Eingabe bereitgestellt werden [FIET13 S.56-58, KAMP16 S.59-61, SANZ16 S.77-83, WEGE17 S.84-85]. Beide Strategien weisen sowohl Vor- als auch Nachteile auf.

Bei der integrierten Simulation werden Interaktionen zwischen Anregung im Zahneingriff und resultierendem Systemverhalten direkt in die Berechnung einbezogen. Dazu müssen die berücksichtigten FE-Bauteile aus Rechenzeitgründen jedoch modal reduziert werden, sodass das Schwingverhalten nur von vorher definierten Punkten analysiert werden kann. Bei der separaten Simulation können dagegen in Abhängigkeit der Netzauflösung die Schwingeigenschaften der gesamten Oberfläche analysiert werden. Nachteilig wirkt sich bei dieser Simulationsstrategie aus, dass die Systemgrenzen und Randbedingungen klar definiert sein müssen, da sonst die Gefahr von Mehrfachberücksichtigung von Komponenten und Anregungseffekten besteht [KAMP16 S.60]. Aufgrund der zunehmenden Leistung moderner Computer nimmt die Bedeutung der integrierten Simulationsstrategie zu.

Berechnung des Abstrahlverhaltens

Die Berechnung des Abstrahlverhaltens wird in die Ermittlung der Abstrahleigenschaften der Oberflächenschnellen in das akustische Medium sowie des resultierenden Luftschallfeldes unterteilt. Die einfachste Berechnungsmöglichkeit kann auf Basis von Näherungsgleichungen erfolgen [WEBE87 S.6-36]. Die anhand einfacher Geometrien (Zylinder, Platte) entwickelten analytischen Gleichungen gelten jedoch nur für kastenförmige Industriegetriebe. Für komplexere Geometrien eignen sich die FEM, die BEM oder die SEA. Bei der BEM wird im Gegensatz zur FEM nur die Oberfläche diskretisiert, wodurch die Elementanzahl und die Rechenzeit reduziert werden. Durch Verwendung der Helmholtz-Gleichung kann ein Zusammenhang zwischen den physikalischen Größen auf der Oberfläche zu jedem Punkt innerhalb des Volumens hergeleitet werden [KOLL00 S.238-241]. Grenzen der BEM liegen im hochfrequenten Analysebereich, wo die Modendichte ansteigt und die Kenntnis nach der genauen Modenform an Wichtigkeit verliert. Häufig empfiehlt sich eine Kombination aus FEM und BEM, bei der der Körperschall in der FEM vorberechnet wird [SCHÖ96, HAAS00, GRAF07, NEHE12].

Für die Analyse hochfrequenter Anregungen wird die SEA verwendet, bei der alle Moden eines Frequenzbands zu einer Modengruppe gemittelt werden. Aussagen über Einzelmoden sind demnach nicht möglich. Nachteilig bei diesem Verfahren ist die Abbildung des niederfrequenten Bereichs aufgrund der Abhängigkeit von der Modendichte [KLOC17 S.646]. Als untere Grenzfrequenz für die Anwendung der SEA verwendete FECHLER $f = 5\ kHz$ [FECH03].

Ein alternativer Ansatz zur Luftschallsynthese auf Basis von Messdaten wurde von CARL verfolgt, vgl. **Bild 2.6**. Dazu wird der an einer Messstelle vorliegende Luftschall in einen von der Verzahnungsanregung verursachten und einen unabhängigen Teil unterteilt. Eingangsgrößen der Methode stellen die gemessenen Verläufe der

Anregung in Form der Differenzgeschwindigkeit dar. Der Luftschall wird als Ausgangsgröße verwendet, wobei prinzipiell auch der Körperschall als Ausgangsgröße verwendbar ist. Die gemessenen Zeitsignale werden in den Frequenzbereich transformiert und anschließend auf Basis signaltheoretischer Ansätze unterteilt (blaue Pfeile in Bild 2.6). Als Ergebnis dieses Schrittes liegen eine Übertragungsfunktion für die Synthese der verzahnungsabhängigen Geräusche und ein Restsignal, das aus den verzahnungsunabhängigen Geräuschen besteht, vor. Mithilfe der Übertragungsfunktion und des Restsignals kann auf Basis rechnerisch bestimmter Anregungsverläufe, vgl. Abschnitt 2.3.2, das Geräuschverhalten an der Messstelle synthetisiert werden (schwarze Pfeile in Bild 2.6). Die synthetisierten Luftschallverläufe weisen im gesamten Frequenzbereich eine hohe Übereinstimmung zu den Messdaten auf, was unter anderem in der Berücksichtigung des Fremdgeräuschs begründet liegt. [CARL14 S.69–75]

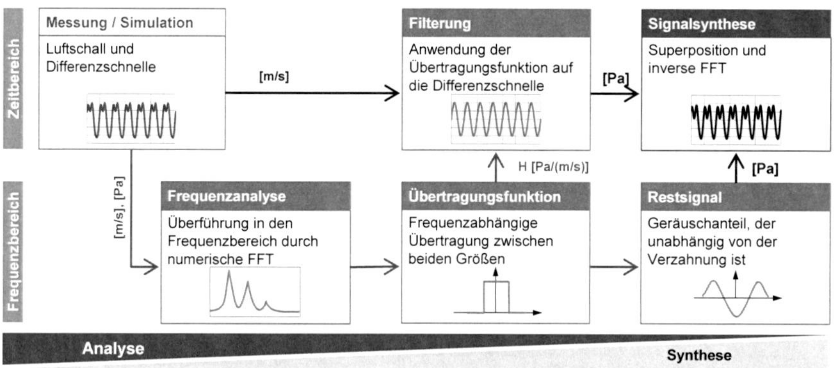

Bild 2.6: Konzept zur vibroakustischen Geräuschvorhersage [CARL14 S.69]
Concept for Vibroacoustic Noise Prediction

2.4 Experimentelle Untersuchung des Anregungs- und Geräuschverhaltens

Experimental Investigation of the Excitation and Noise Behavior

Zur experimentellen Untersuchung des Anregungs- und Geräuschverhaltens eignen sich subjektive und objektive Ansätze. Zu den subjektiven Verfahren zählen die Geräuschprüfung durch einen Prüfer und die visuelle Tragbildprüfung. Zu den objektiven Verfahren zählen die Einflanken- und die Betriebswälzprüfung sowie die Körper- und Luftschallprüfung [KLIN08 S.351]. Bewertungskenngrößen sind das empfundene Getriebegeräusch, Tragbildform und –lage sowie genormte und nicht genormte Kenngrößen der objektiven Messverfahren. Im Folgenden wird der Fokus auf die Beschreibung der objektiven Messverfahren gelegt, da diesen Verfahren aufgrund der quantifizierbaren Messgrößen im Zuge der Validierung von Berechnungswerkzeugen besondere Bedeutung zukommt.

2.4.1 Einflankenwälzprüfung

Single Flank Test

Die Einflankenwälzprüfung (EWP) dient der Messung der Abweichungen des durch die Zähnezahlen vorgegebenen Übersetzungsverhältnisses. Dazu werden die Zahnräder unter den geometrischen Einbaubedingungen, die im Normalfall der Einbauposition im Getriebe entsprechen, miteinander abgewälzt. Durch Aufprägen eines schwachen Bremsmoments wird der Einflankenkontakt sichergestellt. Gleichzeitig muss die Antriebsdrehzahl so niedrig gewählt sein, dass dynamische Anregungseffekte, wie Flankenabheben, vermieden werden. Unterschieden wird beim Messaufbau zwischen der Messung der Ungleichförmigkeit der Bewegungsübertragung gegen ein Meisterrad, einer Zahnradstufe oder eines mehrstufigen Getriebes. [VDI01 S.6]

Auswertegröße stellt die gemessene Übersetzungsschwankung dar, die als Drehfehler oder (akkumulierte) Einflanken-Wälzabweichung bezeichnet wird [VDI01 S.7–8, KLIN08 S.352]. Das Prinzip der Messaufnahme ist in **Bild 2.7** dargestellt. Auf Basis der gemessenen Drehwinkel wird mit dem Übersetzungsverhältnis die Wälzabweichung berechnet. Die Wälzwinkel werden dabei üblicherweise mit hochauflösenden optischen Drehwinkel-Impulsgebern erfasst. Dazu werden die analogen Spannungssignale in den zeitabhängigen Drehwinkelverlauf umgewandelt.

Die Einflankenwälzprüfung zählt zu den Summenprüfverfahren, da Einzelabweichungen während der Messung überlagert werden. Ein Rückschluss auf Last übertragende Bereiche der Flanke ist folglich nicht möglich [KLIN08 S.353]. Stattdessen erfolgt die Auswertung mit standardisierten Kennwerten nach DIN 3960 und ISO 1328, die auf dem Zeitverlauf basieren [DIN87c, ISO13, ISO20]. Zur besseren Analyse von Fehlerursachen wird eine Auswertung im Frequenzbereich empfohlen. Dazu wird mittels Fourier-Analyse das Zeitsignal in den Frequenzbereich transformiert und als Ordnungsspektrum in Bezug auf Ritzel- oder Radumdrehung ausgewertet [VDI01 S.15].

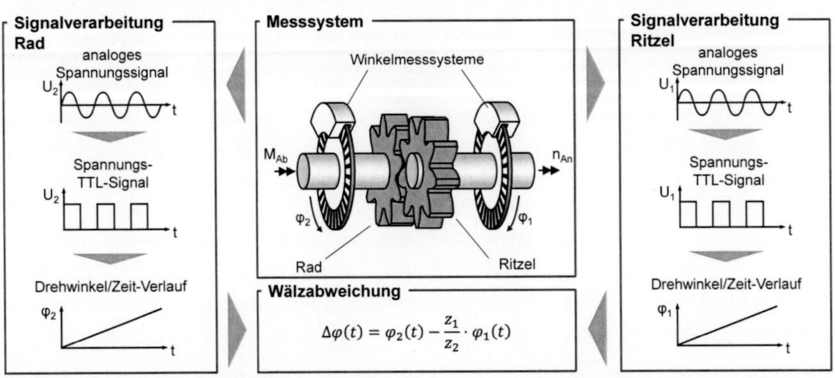

Bild 2.7: Prinzip der Einflankenwälzprüfung (Bild in Anlehnung an [KLIN08 S.352] und [KLOC17 S.482])

Principle of the Single Flank Test

2.4.2 Betriebswälzprüfung

Operational Flank Test

Die experimentelle Analyse des Anregungs- und Geräuschverhaltens bei realitätsnahen Betriebsbedingungen wird als Betriebswälzprüfung (BWP) bezeichnet. Neben Messgrößen zur Beurteilung der Anregung im Zahneingriff können weitere Messgrößen entlang der Schallentstehungskette aufgezeichnet und auf ihre Korrelation zur Anregung untersucht werden. Auf Basis der Messgrößen können die Auswirkungen von Flankenmodifikationen und betriebsnahen, zeitlich veränderlichen Drehzahl- und Drehmomentverläufen beurteilt werden [VDI01 S.22–23]. Als Kenngröße für die Anregung im Zahneingriff kann sowohl der Drehfehler sowie dessen zweifache zeitliche Ableitung, die Differenzbeschleunigung, verwendet werden. Die Differenzbeschleunigung wird häufig aufgrund der Betriebsbedingungen als dynamischer Drehfehler bezeichnet [HELL15 S.25]. Die Gründe für die Verwendung der Differenzbeschleunigung liegen in der begrenzten Anwendbarkeit der bei der EWP verwendeten Drehgeber für dynamische Untersuchungen aufgrund der niedrigen Torsionseigenfrequenzen sowie der begrenzten Abtastrate der Auswerteeinheit [SMIT88 S.39, HESS12 S.19]. Zur Messung der Drehbeschleunigung werden zwei Beschleunigungssensoren auf der Welle angebracht [TOPP66 S.14]. Die Anordnung der Sensoren erfolgt um 180° versetzt, sodass in der nachgeschalteten Auswerteeinheit radiale Beschleunigungsanteile kompensiert werden können [HOUS89]. Das Messprinzip lässt durch Ergänzung weiterer Sensoren die Erfassung von Radial- und Axialschwingungen zu [WINK75, MÜLL91]. Nachteilig ist, dass die Beschleunigungssensoren bei sehr geringen Drehzahlen nicht zur Anregungsdetektion geeignet sind, da die seismischen Massen nur unzureichend angeregt werden [HESS12 S.19].

Die Durchführung der BWP erfolgt entweder auf speziellen Verzahnungstestern, Prüfstandsapplikationen oder im realen Getriebegehäuse. Die Lastaufprägung erfolgt dabei durch mechanische Verspannungskreisläufe oder elektrische verspannte Antriebsstränge [CARL14 S.14]. Zur Schließung des Verspannungskreislaufs wird in mechanischen Verspannungsprüfständen neben dem Prüfgetriebe ein weiteres Übersetzungsgetriebe benötigt. Die mechanische Kopplung in Form der Verbindungswellen bewirkt Änderungen des Schwingungsverhaltens des gesamten Systems. Die Beeinflussung des Prüfgetriebes durch das Übersetzungsgetriebe lässt sich nach MÜLLER vorhersagen [MÜLL91]. Jedoch wird die Bestimmung der Ursachen von Eigenformen und deren Schwingungsphänomen erschwert [HOUS89]. Die Verwendung von elektrisch verspannten Prüfständen vermeidet diese Wechselwirkungen. Dazu werden drehzahl- und drehmomentgeregelte Motoren oder Wirbelstrombremsen eingesetzt. Neben einer Erhöhung der Flexibilität in der Lastaufprägung wird auch die Verwendung verschiedener Antriebsstränge erleichtert.

Unter Verwendung von elektrischen Verspannungsprüfständen existieren zahlreiche Veröffentlichungen, die das Anregungs- und Geräuschverhalten von Zahnradgetrieben untersuchen. PLEWNIA entwickelte eine Messzelle zur rotorsynchronen Erfassung der Wälzabweichung, der Differenzbeschleunigung und des Luftschalls an

Kegelrädern [PLEW92]. Anhand einer Korrelationsanalyse zwischen Differenzbeschleunigung und Schalldruckpegeln konnte der Vertrauensbereich eines linearen Regressionsmodells auf 80 % angegeben werden. HOHLE wendete das Messkonzept für Stirnräder an und erfasste neben den genannten Messgrößen auch den resultierenden Körperschall [HOHL02]. Die Korrelationsanalyse zwischen Radsatzanregung und Getriebegeräusch zeigt nach LAUER ET AL. die generelle Eignung der Drehschwingungsmessung [LAUE07]. Darüber hinaus weist HENRIKSSON darauf hin, dass neben den rotatorisch bedingten Anregungseffekten weitere Wechselwirkungen zwischen Radsatzanregung und dem Getriebegeräusch vorliegen können [HENR09]. Anhand eines PKW-Getriebes unterteilte HESSE einen Antriebsstrang bestehend aus Schalt- und Hinterachsgetriebe in verschiedene Subsysteme, die er getrennt und im Gesamtsystem analysierte [HESS12]. Für die untersuchten Prüfkonzepte konnte er eine hohe Korrelation zwischen den Messgrößen Wälzabweichung, Differenzbeschleunigung, Körper- und Luftschall nachweisen.

CARL entwickelte ein einstufiges Prüfgetriebe, an dem detaillierte Korrelationsanalysen entlang der Schallentstehungskette durchgeführt wurden [CARL14]. Für die Auswertungen unter dynamischen Betriebsbedingungen stellte er fest, dass die als Differenzgeschwindigkeit bezeichnete, einfache zeitliche Ableitung der Wälzabweichung eine höhere Korrelation zum Luftschall aufweist als die Differenzbeschleunigung [CARL14 S.63]. Die Ergebnisse zeigen eine hohe Korrelation zwischen den Messgrößen, sodass die entwickelte Vorhersagemethode eine hohe Übereinstimmung zu den experimentellen Ergebnissen aufweist. Auf dieser Basis ist sogar die Verwendung von Luftschallkenngrößen in der Getriebeauslegung möglich. Prüfstandskonzepte, bei denen die Anregung im Zahneingriff in Form sowohl des Drehfehlers als auch der Differenzbeschleunigung analysiert und auf Korrelation mit den weiteren Geräuschmessgrößen untersucht wird, existieren für zweistufige Getriebe nicht.

2.5 Gehörbezogene Geräuschbewertung

Hearing-Related Noise Evaluation

Schallemissionen können anhand ihrer physikalischen Beschreibungsgrößen wie Frequenz und Schalldruck charakterisiert werden. Dabei können die physikalischen Größen die menschliche Geräuschwahrnehmung nicht abbilden. Daher ist das Ziel der Psychoakustik anhand von Beschreibungsmodellen einen quantitativen Zusammenhang zwischen den physikalischen Größen und der hervorgerufenen Geräuschwahrnehmung herzustellen [GENU10 S.53]. Im Zuge der Verwendung gehörbezogener Auslegungsparameter ist es darüber hinaus wünschenswert, die verschiedenen Metriken in einen Zielwert zur Bewertung der Geräuschqualität zusammenzufassen.

2.5.1 Modelle der gehörbezogenen Geräuschbewertung

Hearing-Related Noise Evaluation Models

Die Basis der gehörbezogenen Geräuschbewertung stellen Gehörmodelle dar, die auf Basis von gemessenen Daten einen Zusammenhang zwischen Reiz und Empfindung ableiten [GENU10 S.53]. Die wichtigsten und in der Literatur am häufigsten verwendeten Parameter sind die in **Bild 2.8** dargestellten psychoakustischen Größen Lautheit, Schärfe, Tonhaltigkeit, Rauigkeit und Schwankungsstärke. Im Gegensatz zu den physikalischen Werten weisen fast alle psychoakustischen Metriken lineare Skalen auf, sodass ein doppelter psychoakustischer Wert auch der doppelten Hörempfindung entspricht. Darüber hinaus gibt es Modellansätze, die die Geräuschqualität auf Basis der aus der Musik bekannten Ansätze zu Konsonanz und Dissonanz, die auf der Frequenzzusammensetzung des Geräuschs basieren, bewerten.

Lautheit

Die Lautheit stellt das menschliche Lautstärkeempfinden dar. Im Gegensatz zur Lautstärke mit der Einheit *phon* weist die Lautheit eine lineare Skala auf, deren Einheit *sone* ist. Per Definition weist ein Sinuston mit einer Frequenz von $f = 1\ kHz$ und einem Schalldruckpegel von $L_p = 40\ dB$ eine Lautheit von $N = 1\ sone$ auf. Es gibt verschiedene, genormte Berechnungsverfahren der Lautheit, wobei die Berechnung nach DIN45631/A1 am verbreitetsten ist [DIN91, DIN10]. Das Berechnungsverfahren basiert auf Hörversuchen mit Sinustönen und Geräuschen durch Lautheitsvergleich auf Verhältnisskalenniveau. Anhand dieses Vorgehens wird ein Geräusch in Anlehnung an die menschliche Geräuschwahrnehmung in Frequenzgruppen mit jeweiligem Lautstärkepegel unterteilt, vgl. Bild 2.8 oben links. Innerhalb der Frequenzgruppen wird der Lautstärkepegel unter Berücksichtigung der Empfindlichkeit des menschlichen Gehörs gewichtet. Die Verteilung der Lautheit über den Frequenzgruppen wird als spezifische Lautheit bezeichnet. Die Gesamtlautheit des Geräuschs wird unter Berücksichtigung von zeitlichen und frequenzabhängigen Maskierungseffekten als Integral der spezifischen Lautheit berechnet (gekachelter Bereich) [FAST07 S.221].

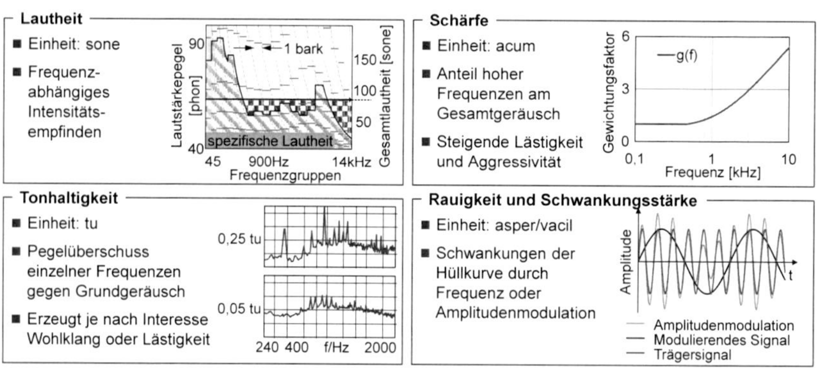

Bild 2.8: Psychoakustische Metriken
Psychoacoustic Metrics

Schärfe

Die Schärfe beschreibt den Anteil hochfrequenter Geräuschanteile, deren Geräuscheindruck meist aggressiv und störend wahrgenommen wird. Die Berechnung ist nach DIN 45692 genormt und die Schärfe wird in der Einheit *acum* angegeben

[DIN09]. Darüber hinaus existieren weitere Berechnungsvorschriften nach AURES und VON BISMARCK. Alle Berechnungsverfahren basieren auf der Verteilung der spezifischen Lautheit über den Frequenzgruppen. Darüber hinaus bezieht der Ansatz nach AURES die absolute Lautheit zusätzlich ein [HEAD16b S.7]. Die nach Norm standardisierte Berechnung verwendet eine Gewichtungsfunktion zur Hervorhebung der hohen Frequenzen, vgl. Bild 2.8 oben rechts, und ermittelt die Schärfe als Verhältnis der gewichteten zur ungewichteten spezifischen Lautheit [DIN09 S.8].

Tonhaltigkeit
Geräusche werden als tonal wahrgenommen, wenn einzelne Töne, tonale Komponenten oder schmalbandiges Rauschen im Geräusch enthalten sind [GENU10 S.70]. Die Einheit ist *tu (tonality unit)* oder wird als Pegelüberschuss in *dB* angegeben. Die Wahrnehmung der Tonhaltigkeit hängt maßgeblich von der Aufteilung der Frequenzskala in Frequenzgruppen im menschlichen Gehör ab. Die Berechnung kann beispielsweise nach DIN 45681 oder nach dem Gehörmodell von SOTTEK erfolgen [DIN05, SOTT16].

Bei der Berechnung der Tonhaltigkeit nach DIN 45681 wird die Pegeldifferenz von Tönen im Spektrum ermittelt und ein Tonzuschlag angegeben [DIN05, HEAD16a S.9]. Bei Analysen über der Zeit kann eine mittlere Pegeldifferenz als Einzahlwert bestimmt werden, die aus den maximalen Pegeldifferenzen der einzelnen Spektren energetisch gemittelt wird [HEAD16a S.9]. Demgegenüber verwendet die Bestimmung der Tonhaltigkeit nach dem Gehörmodell von SOTTEK die psychoakustische Lautheit und berechnet die Lautheit tonaler und nicht-tonaler Komponenten [SOTT16, ECMA18]. Zielgrößen in der Entwicklung dieser Metrik waren die lineare Abbildung des Tonhaltigkeitsempfindens, eine gute Übereinstimmung mit Hörversuchen sowie die korrekte Abbildung von schneller zeitvarianter Tonhaltigkeit [HEAD16a S.7].

Rauigkeit und Schwankungsstärke
Mit ansteigender Rauigkeit werden Geräusche zunehmend auffällig und meist aggressiv sowie lästig empfunden [HEAD16a S.1]. Der Geräuscheindruck der Rauigkeit entsteht sowohl bei Hüllkurvenschwankungen, hervorgerufen durch zeitliche Modulation von Tönen in Frequenz und/oder Amplitude, als auch bei zwei tonalen Komponenten innerhalb einer Frequenzgruppe, vgl. Bild 2.8 unten rechts [SOTT94, GENU10 S.66]. Bei zeitlich langsamen Modulationen unterhalb von $f = 10\,Hz$ ist das Ohr in der Lage, diesen Änderungen zu folgen, was als Schwebung oder Schwankung bezeichnet wird [HEAD16a S.1]. In einem ähnlichen Frequenzbereich unterhalb $f = 20\,Hz$ können die Hüllkurvenschwankungen eine Empfindung auslösen, die als Schwankungsstärke mit der Einheit *vacil* bezeichnet wird. Zwischen $20\,Hz < f < 300\,Hz$ wird der wahrgenommene raue Geräuscheindruck durch die Modulation als Rauigkeit bezeichnet. Diese kann nach dem Gehörmodell von SOTTEK berechnet und in der Einheit *asper* angegeben werden [SOTT93]. Die Rauigkeitsempfindung ist abhängig von Modulationsgrad und –frequenz, der Trägerfrequenz und in geringem Maße vom Schalldruckpegel [GENU10 S.67]. Das Maximum der Empfindung liegt bei Modulationsfrequenzen von $f = 70\,Hz$ [HEAD16a S.1].

Konsonanz

Neben den psychoakustischen Metriken bestehen Herangehensweisen, die aus der Musik bekannten Ansätze zur Konsonanz und Dissonanz von Tönen in Zusammenhang mit der Schallempfindung unter technischen Gesichtspunkten zu untersuchen. Konsonanz bezeichnet die wahrgenommene Angenehmheit von mehreren Tönen, die bei deren parallelem Auftreten von ihren Frequenzverhältnissen abhängt [KLEM05]. Die Dissonanz stellt das Gegenteil dar. PLOMP und LEVELT untersuchten die Konsonanz für einen festen komplexen Grundton und variierten den komplexen Oberton. Beide Töne bestehen aus sechs Harmonischen zur Grundfrequenz. Dabei weisen Varianten mit einem aus der Musik als konsonant bekannten Intervall, wie Oktave (1:2) oder Quinte (2:3), ebenfalls eine hohe Konsonanz auf [PLOM65]. KAMEOKA und KURIYAGAWA entwickelten ein Berechnungsmodell für die Konsonanz, dessen Mängel von MASHINTER aufgezeigt wurden [KAME69b, KAME69a, MASH06].

KLEMENZ veränderte zur rechnerischen Untersuchung des Einflusses der Konsonanz von Getrieben in Schienenfahrzeugen die Zähnezahlen an einem einstufigen Getriebe. Durch die Wahl der Zähnezahlen konnten Frequenzkombinationen eindeutig bestimmt werden, die eine Optimierung der Geräuschqualität in Hinblick auf die Kombination der unterschiedlichen Anregungsfrequenzen ermöglichten. Dabei stellte er fest, dass die wahrgenommene Angenehmheit neben Lautheit, Schärfe und Tonhaltigkeit auch von der Konsonanz beeinflusst wird. Die Rauigkeit ist dabei die instrumentelle Größe, die diese Empfindung am besten abbildet [KLEM05]. FINGERHUTH untersuchte die Tonhaltigkeit und Konsonanz anhand geschalteter Reluktanzmaschinen, deren Frequenzverhältnisse durch unterschiedliche Drehzahlen realisiert wurden. Die Ergebnisse zeigen, dass dissonante Intervalle aus der Musiktheorie dissonant wahrgenommen werden. Die Dissonanzen konnten am meisten durch die Rauigkeit erklärt werden [FING09].

2.5.2 Zusammenführung der gehörbezogenen Geräuschbewertung

Merging Hearing Related Noise Evaluation

Die Zusammenführung der psychoakustischen Metriken in einen einzelnen Kennwert ist zur Bewertung der Geräuschqualität und zur Anwendung in der Auslegung wünschenswert. Aufgrund der Komplexität der menschlichen Wahrnehmung und der Abhängigkeit vom individuellen Kontext und Produkt existieren diverse Berechnungsmodelle, die jeweils für einen bestimmten Anwendungsbereich gültig sind. Die Entwicklung der Berechnungsmodelle wird mit Hörversuchen durchgeführt. Mit den Ergebnissen werden die unterschiedlichen psychoakustischen Größen gegeneinander gewichtet und in einen Kennwert überführt.

Einerseits existieren Kenngrößen wie der sensorische Wohlklang, dessen Anwendung auf technische Geräusche nicht geeignet ist [AURE84 S.81-85]. Andererseits wird die Geräuschqualität verschiedener technischer Geräusche auf Basis der Lästigkeit bewertet. FASTL und ZWICKER entwickelten anhand von Fahrzeug-, Klimaanlagen- und Werkzeuggeräuschen die Berechnungsformel der *psychoacoustic annoyance* [FAST07 S.327ff]. Als Eingangsgrößen werden das 5 %-Perzentil der Lautheit, die Schärfe nach AURES, die Schwankungsstärke und die Rauigkeit verwendet. PANNERT

ET AL. ermittelten die Lästigkeit von verschiedenen Getriebekonzepten bei variierenden Lastzuständen und stellten den dominierenden Einfluss von Lautheit und Tonhaltigkeit fest. Gleichlaute Geräusche können mit der Metrik nur indifferent bewertet werden [PANN08]. Im FVA Vorhaben FVA 679 I wurde anhand von Geräuschen von einstufigen Getrieben eine Metrik entwickelt, die das 5 %-Perzentil der Lautheit und die Schärfe nach AURES einbeziehen [ELLE16 S.10]. Alle Modelle bestätigen den dominierenden Einfluss der Lautheit auf die Lästigkeit, welcher durch die Verwendung des Schärfealgorithmus nach AURES gesteigert wird.

Eine weitere Metrik wurde im FVA Vorhaben FVA 682 II entwickelt, wobei als Zielgröße die Angenehmheit (Gegenteil der Lästigkeit) verwendet wurde. Die Geräuschbeispiele wurden mit einem Simulationsmodell eines elektrischen PKWs synthetisiert. Die Berechnungsformel wurde in Abhängigkeit des 5 %-Perzentils der Lautheit sowie der Schärfe nach VON BISMARCK sowie deren Produkt definiert [HAME18 S.27]. Für den Anwendungsbereich der untersuchten Geräusche ergibt sich eine gute Übereinstimmung zwischen Hörversuch und ermittelter Angenehmheit. Jedoch werden Geräusche mit hohen Lautheits- und Schärfewerten als besonders angenehm missinterpretiert, da das Produkt aus Lautheit und Schärfe in der Berechnungsformel verwendet wird [NEUB18].

Darüber hinaus existieren erste Ansätze zur Berücksichtigung der ganzheitlichen Geräuschqualität in einer Metrik für den Automobilbereich. Neben der bereits beschriebenen Lästigkeit zählen nach LETJENS ET AL. dazu der Geräuschkomfort, die ausgelöste Emotionalität durch Aspekte wie Leistungsfähigkeit oder Sportlichkeit und die Übereinstimmung zum erwarteten Geräuscheindruck [LETJ19 S.7707].

2.6 Fazit zum Stand der Technik

Conclusion of the State of the Art

Das Ziel in der Getriebeauslegung ist die Festlegung der Verzahnungsgeometrie zur Erfüllung der in der Anforderungsliste spezifizierten Anforderungen. Dabei ist insbesondere im Automobilbereich durch den Wegfall des maskierenden Geräuschs des Verbrennungsmotors durch die Elektrifizierung des Antriebsstrangs ein geringes Anregungsverhalten anzustreben. Darüber hinaus müssen das notwendige Kriterium einer ausreichenden Betriebssicherheit über dem gesamten Produktlebenszyklus und weitere Zielgrößen wie ein hoher Wirkungsgrad erreicht werden. Existierende Auslegungsmethoden beschränken sich häufig auf einstufige Getriebe und quasistatische Ansätze zur Einbeziehung des Anregungsverhaltens, wodurch Wechselwirkungen zwischen den Getriebestufen sowie dynamische Anregungseffekte vernachlässigt werden.

Die Geräuschentstehung von Zahnradgetrieben kann auf Basis der maschinenakustischen Grundgleichung in die Anregung im Zahneingriff, die Weiterleitung der Strukturmechanik bis zur Abstrahlung an der Gehäuseoberfläche unterteilt werden. Ursächlich für die Anregungseffekte im Zahneingriff sind von einstufigen Getrieben bekannte Mechanismen aber auch Wechselwirkungen zwischen den Getriebestufen bei mehrstufigen Getrieben. Die rechnerische Abbildung der Verzahnungsanregung erfolgt mit der quasistatischen Zahnkontaktanalyse. Darauf aufbauend werden zur Berücksichtigung von Wechselwirkungen zwischen Anregung im Zahneingriff und mechanischem Antriebsstrang dynamische Ersatzmodelle verwendet, deren Detaillierungsgrad von reinen Torsionsschwingern bis zu räumlichen Mehrkörpersimulationsmodellen reichen kann. Außerdem existieren einerseits Ansätze zur geschlossenen Berechnung der Geräuschentstehungskette unter Einbeziehung der Strukturmechanik und des Abstrahlverhaltens. Andererseits kann die rechnerische Abbildung der Geräuschentstehungskette anhand experimentell ermittelter Übertragungsfunktionen geschlossen werden. Für zweistufige Getriebe existiert keine validierte, rechnerische Abbildung der Geräuschentstehung, bei der die einzelnen Größen entlang der maschinenakustischen Geräuschentstehungskette bestimmt werden können.

Die Analyse des Geräuschverhaltens auf Basis physikalischer Größen vernachlässigt die menschliche Geräuschwahrnehmung, wodurch die Bewertung mit Unsicherheiten behaftet ist. Daher wurden mit den psychoakustischen Metriken verschiedene, höherwertige Abbildungsmethoden der Geräuschempfindung entwickelt, die jeweils auf andere Eigenschaften des Geräuschs fokussieren. Dabei vereinfacht die Zusammenführung der psychoakustischen Metriken in einen einzelnen Kennwert zur Bewertung der Geräuschqualität die Anwendung in der Auslegung. Bestehende Kennwerte wie die wahrgenommene Lästigkeit wurden häufig an Hörversuchen auf Basis von einstufigen Getrieben ermittelt und sind nur für den untersuchten Anwendungsfall gültig. Daraus folgend fehlt es an einer Metrik, die zur Bewertung der dynamischen Wechselwirkungen bei zweistufigen Getrieben befähigt. Aus den Erkenntnissen des Standes der Technik lässt sich der Bedarf nach einer Auslegungsmethode für zweistufige Getriebe unter Berücksichtigung der dynamischen Anregungseffekte und der menschlichen Geräuschwahrnehmung ableiten.

3 Zielsetzung, Aufgabenstellung und Vorgehensweise

Objectives, Tasks and Modus Operandi

Der Stand der Technik macht deutlich, dass die Abbildung der Verzahnungsanregung in der Verzahnungsauslegung auf quasistatischen Ansätzen ohne Berücksichtigung des dynamischen Geräuschverhaltens und der gehörbezogenen Bewertung basiert. Dadurch werden einerseits Geräuschüberhöhungen bei Zusammentreffen von Anregungs- und Resonanzfrequenzen nicht detektiert. Andererseits führt die Optimierung der Akustik auf Basis physikalischer Geräuschkennwerte nicht zwangsläufig zu einer gehörbezogenen Verbesserung des Getriebegeräuschs. Zur Anwendung der psychoakustischen Metriken als Indikator der menschlichen Geräuschwahrnehmung in der Auslegung ist eine Zusammenführung in einen Kennwert notwendig. Für zweistufige Getriebe existiert in der Verzahnungsauslegung bislang keine validierte Berechnungskette des dynamischen Geräuschverhaltens sowie kein Einzahl-Kennwert zur gehörbezogenen Geräuschbewertung.

Das Ziel der vorliegenden Arbeit ist die Entwicklung einer Methode zur gehörbezogenen Auslegung von zweistufigen Getrieben unter Berücksichtigung der dynamischen Anregungseffekte. Die Abbildung des dynamischen Geräuschverhaltens soll mit Berechnungsmodellen entlang der Schallentstehungskette erfolgen. Zur gehörgerechten Bewertung soll ein Kennwert entwickelt werden, der die Anregungseffekte von zweistufigen Getrieben einbezieht. Zur Erreichung des Gesamtziels werden drei Teilziele definiert:

Teilziel 1: Entwicklung einer validierten Berechnungskette zur Abbildung des dynamischen Anregungs- und Geräuschverhaltens von zweistufigen Getrieben

Teilziel 2: Zusammenführung der gehörbezogenen Geräuschbewertung in die wahrgenommene Lästigkeit von zweistufigen Getrieben

Teilziel 3: Entwicklung einer Auslegungsmethode unter Berücksichtigung der dynamischen Anregungseffekte und der gehörbezogenen Geräuschbewertung

Das Ziel basiert auf der Forschungsthese, dass die Entwurfsqualität in einem frühen Entwicklungsstadium des Produktentstehungsprozesses durch die Berücksichtigung dynamischer Anregungseffekte und der gehörbezogenen Bewertung im Sinne des Frontloadings gesteigert werden kann. Der Einsatz von Simulationswerkzeugen in diesem Entwicklungsschritt, auch Frontloading bezeichnet, bietet Potenzial zur Reduktion der Entwicklungskosten.

Die Inhalte von Kapitel 4 dienen zur Erreichung des Teilziels 1. Entlang der Schallentstehungskette werden Berechnungsmodelle zur Vorhersage des Anregungs- und Geräuschverhaltens von zweistufigen Getrieben entwickelt. Die Analyse des quasistatischen Anregungsverhaltens erfolgt anhand einer FE-basierten Zahnkontaktanalyse.

Weiterfolgend wird die Interaktion zwischen Anregung im Zahneingriff und Systemschwingungsverhalten mit Mehrkörpersimulationsmodellen untersucht. Die Modellierungstiefe wird von einem Drehschwingungsmodell auf ein Mehrkörpersimulationsmodell mit allen sechs räumlichen Freiheitsgraden erweitert. Der letzte Teil der Geräuschentstehung wird über signaltheoretische Zusammenhänge zwischen Anregung im Zahneingriff und abgestrahltem Luftschall hergeleitet. Durch die ganzheitliche Betrachtung werden die Wirkzusammenhänge der Schallentstehung analysiert. Anhand experimenteller Ergebnisse an einem zweistufigen Prototypengetriebe mit Referenzverzahnungen werden alle Berechnungsmodelle schrittweise validiert.

Im folgenden Kapitel 5 wird die Erreichung des Teilziels 2 diskutiert. Dazu werden zunächst Getriebevarianten definiert, die sich im Hinblick auf die Frequenzverhältnisse der Getriebestufen, die Axialkraftrichtung und die Phasenverschiebung unterscheiden. Anhand dieser Getriebevarianten wird einerseits die Eignung der Berechnungskette zur Geräuschvorhersage überprüft und andererseits die gehörbezogene Bewertung durchgeführt. Zur Ableitung eines Zusammenhangs zwischen den psychoakustischen Größen und einem Einzahl-Kennwert an zweistufigen Getrieben werden Hörversuche zur Bewertung der Lästigkeit konzipiert und durchgeführt. Die statistische Auswertung der Hörversuche erlaubt die Ableitung einer Berechnungsformel der Lästigkeit für die Geräuschbewertung. Auf Basis der vorgestellten Getriebevarianten wird der Einfluss veränderter Geometrieparameter anhand der entwickelten Lästigkeitsmetrik untersucht.

Kapitel 6 beinhaltet die Erreichung des Teilziels 3. Dabei wird zunächst die Synthese des dynamischen Geräuschverhaltens in eine Auslegungsmethode integriert. Zur Anwendbarkeit der Methode in der Auslegung wird ein naturanaloger Optimierungsalgorithmus zur Rechenzeitreduktion verwendet. Neben der gehörgerechten Bewertung werden weitere Zielgrößen berücksichtigt, deren Erreichung durch die Methode sichergestellt wird. Die Einflüsse verschiedener Gewichtungen von Zielgrößen auf die abgeleitete Verzahnungsgeometrie wird im Vergleich mit dem Referenzgetriebe durchgeführt. Abschließend wird die entwickelte Auslegungsmethode auf ein zweistufiges Getriebe für die Elektromobilität angewendet.

Die Analyse der Auswirkungen von dynamischen Wechselwirkungen im Zahneingriff auf das Getriebegeräusch, welche in einer validierten Berechnungskette abgebildet werden, und das Ableiten eines psychoakustischen Kennwerts stellen die zentralen wissenschaftlichen Herausforderungen dar. Durch die schrittweise, rechnerische Abbildung entlang der Schallentstehungskette von der Anregung im Zahneingriff bis zum wahrgenommenen Luftschall wird außerdem ein tiefergehendes Verständnis der Schallentstehung erreicht. Die entwickelte Auslegungsmethode spiegelt den technischen Nutzen wider, indem der Auslegungsprozess von zweistufigen Getrieben im Hinblick auf die menschliche Geräuschwahrnehmung verbessert wird. Die Methode ermöglicht dem Konstrukteur, in einem frühen Schritt des Produktentstehungsprozesses dynamische Wechselwirkungen von zweistufigen Getrieben zu berücksichtigen und gehörbezogene Aspekte zu analysieren und zu optimieren.

4 Modellierung und Validierung des Anregungs- und Geräuschverhaltens

Modeling and Validation of the Excitation and Noise Behavior

Das Anregungs- und Geräuschverhalten von zweistufigen Getrieben kann in Anlehnung an die Geräuschentstehungskette, vgl. Abschnitt 2.2.1, in die Anregung im Zahneingriff, die Weiterleitung in Form von Körperschall und die Abstrahlung als Luftschall sowie die gehörbezogene Wahrnehmung unterteilt werden. Zur rechnerischen Beschreibung wird im Folgenden eine Berechnungskette entlang der Geräuschentstehungskette aufgebaut. Dazu wird zunächst ein experimenteller Prüfaufbau eines zweistufigen Getriebes mitsamt der benötigten Messtechnik vorgestellt. Nachfolgend erfolgen für jeden Modellierungsschritt die Modellbeschreibung und die Validierung anhand experimenteller Daten.

4.1 Experimenteller Prüfaufbau

Experimental Test Setup

Zur Erfassung der experimentellen Daten wird ein zweistufiges Prüfgetriebe entwickelt, in das die für die Validierung der Berechnungskette benötigte Messtechnik integriert wird. Der Fokus bei der Konzeption des Prüfgetriebes liegt neben dem Einbau der Messtechnik in der Ermöglichung der Analyse des Einflusses von veränderten Verzahnungsparametern auf das Anregungs- und Geräuschverhalten zweistufiger Getriebe. Somit können in Abschnitt 5 verschiedene Getriebevarianten untersucht werden, wobei zunächst im Folgenden auf den für die Modellierung und Validierung der Berechnungskette verwendeten Referenzaufbau eingegangen wird.

4.1.1 Prüfgetriebe und Integration in Antriebsstrang

Test Gearbox and Integration in Drive Train

Die Drehzahl des im linken Teil von **Bild 4.1** abgebildeten Prüfgetriebes wird vom Antrieb bis zum Abtrieb ins Langsame übersetzt und der Leistungsfluss erfolgt von der Antriebswelle über die erste Getriebestufe auf die Verbindungswelle und von dort über die zweite Getriebestufe auf die Abtriebswelle. Das Gehäuse des Prüfgetriebes besteht aus Ober- und Unterschale. Die Oberschale ist zweiteilig ausgeführt, um während der Montage eine einfache Handhabung zu ermöglichen. Zur Reduzierung von lastbedingten Verlagerungen werden einerseits die Verzahnungen mittig zwischen den Lagerstellen angeordnet und andererseits ein sehr steifes Gehäuse verwendet, das auf einer auf Säulen gelagerten Grundplatte montiert wird. Dementsprechend liegt die Dicke der seitlichen Wände des Getriebegehäuses zwischen $30\,mm \leq s_d \leq 40\,mm$. Eine Ausnahme bilden der Getriebedeckel sowie die dünnwandigen Seitenwände, deren Wanddicken $s_d = 3\,mm$ betragen und die zur Veränderung des Abstrahlverhaltens des Prüfgetriebes variiert werden können. Darüber hinaus wird der Einfluss von fertigungs- und montagebedingten Verlagerungen durch das Ausspindeln der Lagersitze in einer Aufspannung und im verstifteten Zustand der Gehäuseteile minimiert.

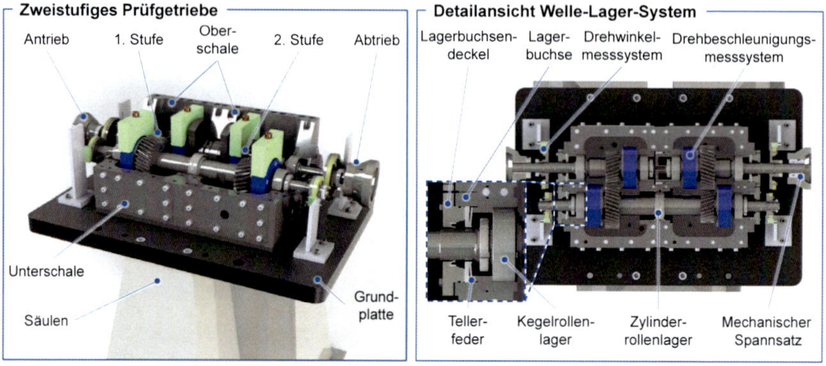

Bild 4.1: Aufbau des Prüfgetriebes
Setup of the Test Gearbox

Das Welle-Lager-System wird über Lagerbuchsen im Gehäuse aufgenommen, vgl. Detailansicht in Bild 4.1 rechts. Über Lagerbuchsendeckel kann die Vorspannung der in X-Anordnung montierten Kegelrollenlager aufgeprägt werden. Dabei wird bei jeder Welle auf der axialkraftabgewandten Seite eine Tellerfeder in den Aufbau integriert. Zur Messung und flexiblen Einstellung der axialen Vorspannkraft der Kegelrollenlager wird während der Montage ein piezoelektrischer Kraftsensor in den Prüfaufbau integriert. Der Sensor wird ausschließlich kurzzeitig für die Einstellung der Vorspannkraft montiert, um den Messwert nicht durch Drifteffekte zu beeinflussen. Die Vorspannung der Kegelrollenlager wird für die Versuchsläufe auf diese Weise auf $F_{ax} = 1\ kN$ eingestellt. Ferner wird zur Abstützung der Verbindungswelle zwischen den Eingriffen ein Zylinderrollenlager als zusätzliches radiales Stützlager eingebaut, um die Durchbiegung der Welle zu verringern.

Eine weitere wesentliche Anforderung an das Getriebekonzept ist die Integration der Messtechnik zur Charakterisierung der Verzahnungsanregung. Im Gegensatz zu den weiteren Messgrößen Körper- und Luftschall sind dazu konstruktive Anpassungen im Prüfgetriebe notwendig. Sowohl die Untersuchung von quasistatischen als auch von dynamischen Betriebspunkten haben sich zur Validierung des Anregungsverhaltens als nützlich erwiesen und werden auch für die Untersuchung der zweistufigen Getriebe eingesetzt [HESS12, CARL14]. Für quasistatische Betriebspunkte weisen optische Drehgeber eine hohe Ergebnisgüte auf, während sich unter dynamischen Randbedingungen die Drehschwingungsmessung etabliert hat. Dabei zeigen die Ergebnisse von HESSE, dass die Güte der Messergebnisse bei dynamischen Betriebspunkten mit ansteigendem Abstand vom Zahneingriff abnimmt [HESS12 S.121]. Da die optischen Drehgeber prinzipbedingt nicht in ölhaltiger Umgebung betrieben werden können, werden diese außerhalb des Prüfgetriebes appliziert. Demgegenüber werden Drehbeschleunigungsmesssysteme zur Charakterisierung der Drehschwingung unmittelbar neben jedem Zahnrad innerhalb des Prüfgetriebes integriert, um den

Informationsverlust entlang des schwingungsfähigen Übertragungsweges zwischen Verzahnung und Messsystem zu minimieren.

Die Ölversorgung des Prüfgetriebes wird über eine Einspritzschmierung mit externem, heizbarem Ölaggregat realisiert, wobei die Öltemperatur im Zulauf und im Tank überwacht wird. Während der Prüfläufe konnte über ein Aufwärmen des Getriebes im Stillstand und bei einem konstanten Lastpunkt im mittleren Lastbereich ein nahezu homogenes Niveau der Einspritztemperatur von $T_{Öl} = 70\,°C$ erzielt werden. In die beiden Zahneingriffe wird das Öl direkt über eine Düse eingespritzt. Darüber hinaus wird jede Lagerstelle über eine separate Ölzuführung minimal geschmiert. Das Öl wird an der Unterseite aus den beiden Kammern der Getriebestufen abgesaugt und so dem Kreislauf wieder zugeführt. Dabei kann die Absaugmenge über ein Ventil reguliert werden, um eine akustisch wahrnehmbare Luftabsaugung im Luftschallsignal zu vermeiden. Zur weiteren Reduktion von Absauggeräuschen wird die Absaugvorrichtung mit Akustikschaumstoff ummantelt.

Das Prüfgetriebe wird zur experimentellen Untersuchung in einen Antriebsstrangaufbau auf dem Universalgetriebeprüfstand des WZL integriert, vgl. **Bild 4.2**. Der Universalgetriebeprüfstand verfügt über eine akustische Schalleinhausungskabine, die nach DIN EN ISO 3744 einen reflexionsarmen Halbraum darstellt [DIN11]. Die An- und Abtriebsmaschine befinden sich außerhalb der Schallschutzkabine und sind ebenso wie die Kabine auf eigenen aerostatisch gelagerten Spannfeldern montiert. Durch Wellendurchführungen in der Wand der Schallschutzkabine werden die Maschinen mit dem Antriebsstrang verbunden. Die Leistungsübertragung zwischen Maschine und Prüfgetriebe erfolgt wie in Bild 4.2 dargestellt über Kardan- und Gleichlaufgelenkwellen sowie drehelastische Elastomerkupplungen zur Schwingungsentkopplung der externen Aggregate.

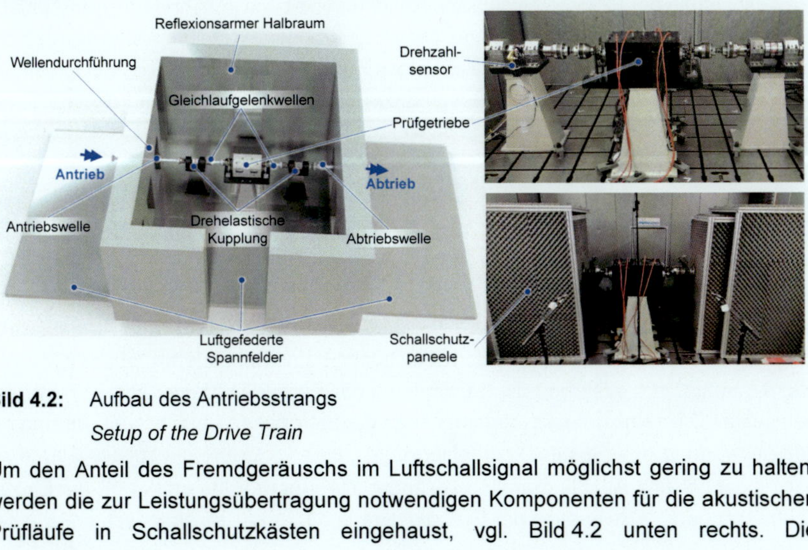

Bild 4.2: Aufbau des Antriebsstrangs
Setup of the Drive Train

Um den Anteil des Fremdgeräuschs im Luftschallsignal möglichst gering zu halten, werden die zur Leistungsübertragung notwendigen Komponenten für die akustischen Prüfläufe in Schallschutzkästen eingehaust, vgl. Bild 4.2 unten rechts. Die

Schallschutzkästen bestehen aus modularen Holzelementen, die mit Akustikschaumstoff beklebt wurden. Zur drehzahlbezogenen Auswertung der Ergebnisse wird ein optischer Drehzahlsensor der Firma Keyence am Lagerbock der antriebsseitigen Elastomerkupplung angebracht, vgl. Bild 4.2.

4.1.2 Messtechnik entlang der Geräuschentstehungskette

Measurement Technology along the Noise Generation Chain

Neben der im vorigen Abschnitt bereits vorgestellten Messtechnik zum sicheren und reproduzierbaren Betrieb des Prüfgetriebes liegt der Fokus der weiteren Messtechnik auf der Beschreibung der Geräuschentstehungskette. In **Bild 4.3** ist die zur Charakterisierung der Verzahnungsanregung verwendete Messtechnik dargestellt, die in die Untersuchung der quasistatischen Anregung mittels Drehwinkelmessung und der dynamischen Anregung mittels Drehbeschleunigungsmessung unterteilt wird.

Als Kenngröße für die quasistatische Anregung wird der Drehfehler verwendet, der anhand von Messsignalen der optischen Drehwinkelmesssystemen der Firma Heidenhain vom Typ AK ERA 4280 bestimmt wird, vgl. Bild 4.3 links und Mitte. Diese bestehen aus dem rotierenden Rotor, auf dem über dem Umfang Teilungsstriche aufgebracht sind, und dem stehenden Stator. Die verwendeten Rotoren weisen aus Platzgründen unterschiedliche Größen und damit abweichende Anzahlen der Teilungsstriche auf. An An- und Abtriebswelle werden Rotoren mit 20.000 Strichen und an der Zwischenwelle mit 12.000 Strichen verwendet. Der Stator detektiert die während der Umdrehung rotierenden Teilungsstriche. Zur Erzielung belastbarer Messdaten ist bei der Montage sowohl auf gereinigte Oberflächen als auch auf die Ausrichtung der Bauteile zueinander zu achten. Ersteres schränkt dahingehend ein, dass die Systeme nicht in ölbehafteter Umgebungsluft betrieben werden können. Zweiteres betrifft zum einen die Ausrichtung der Rotoren hinsichtlich Rundlauffehler und zum anderen den Abstand zwischen Rotor und Stator. Im Zuge der Untersuchungen dieser Arbeit wurden die Rotoren vor jedem Prüflauf manuell auf einen Rundlauf von maximal $\Delta_R = 5\ \mu m$ eingestellt. Der Stator wurde auf einen Abstand von $s = 150\ \mu m$ zum Rotor justiert. Die am Lesekopf aufgezeichneten Messsignale werden in einer Adaptionselektronik aufbereitet und dem Messdatenerfassungssystem zugeführt.

Insgesamt werden vier Drehwinkelmesssysteme verwendet, wobei eine Montage möglichst nah am Zahnrad unter den oben genannten Randbedingungen angestrebt wurde. Je eins der vier Drehwinkelmesssysteme wird in der Nähe von jedem Zahnrad montiert, sodass sowohl die Charakterisierung des Drehfehlers der beiden Einzelstufen als auch des Drehfehlers des Gesamtgetriebes zwischen An- und Abtriebswelle möglich ist. Die zu Grunde liegenden Gleichungen sind im mittleren, oberen Teil von Bild 4.3 aufgeführt. Während die Bestimmung der Einzel-Drehfehler $\Delta s_{i.St.}$ jeweils auf den beiden Drehwinkelmesssystemen neben der betroffenen Stufe beruht, werden bei der Auswertung des Gesamt-Drehfehlers $\Delta\varphi_{ges}$ nur die Drehwinkelmesssysteme an der Eingangs- und Ausgangswelle verwendet. Die Auswertung erfolgt für die Einzel-Drehfehler unter Verwendung der Grundkreisradien $r_{b1/2,i.St.}$ translatorisch entlang der

Eingriffsstrecke. Demgegenüber findet beim Gesamt-Drehfehler aufgrund der fehlenden Eingriffsebene zwischen An- und Abtrieb eine rotatorische Analyse in Bezug auf den Drehwinkel der Abtriebswelle statt, bei dem der Antriebsdrehwinkel über die Übersetzungen der ersten ($i_{1.St.}$) und zweiten ($i_{2.St.}$) Stufe umgerechnet wird.

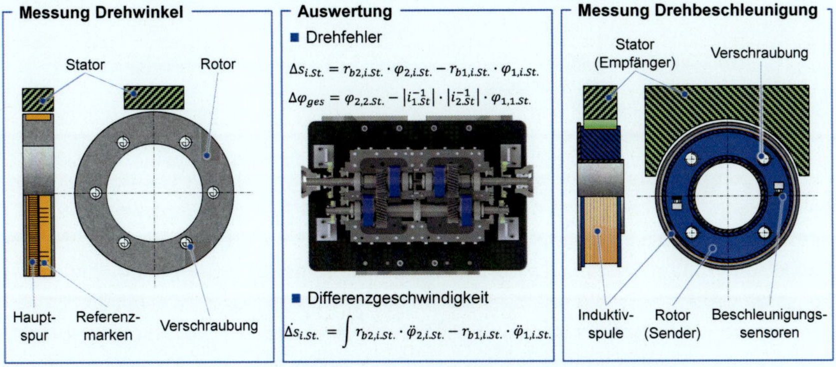

Bild 4.3: Messtechnik zur Charakterisierung der Verzahnungsanregung
Measurement Technology for Characterization of Gear Excitation

Als Messgröße zur Erfassung der dynamischen Anregung im Zahneingriff wird die Differenzbeschleunigung ausgewählt. Zur Messung der Drehbeschleunigung werden die im rechten Teil von Bild 4.3 dargestellten Messsysteme der Firma datatel Telemetry verwendet, bei denen zwei um 180° versetzte Beschleunigungssensoren auf dem Rotor angebracht sind. Durch die nachgeschaltete Signalverarbeitung werden dabei radiale Beschleunigungsanteile herausgerechnet und nur die rotatorischen Anregungsanteile ausgewertet. Sowohl die Spannungsversorgung als auch die Signalübertragung erfolgen berührungslos vom drehenden Rotor über die orange dargestellte Induktivspule an den stehenden Stator. Der Rotor wird kraftschlüssig an einen auf der Welle montierten Senderträger mittels der dargestellten Verschraubungen verbunden.

Aufgrund der Erkenntnisse von HESSE wird unmittelbar neben jedes Zahnrad ein Drehbeschleunigungsmesssystem appliziert [HESS12 S.121]. Die Umrechnung der Drehbeschleunigung in die Differenzbeschleunigung erfolgt analog zu den Gleichungen zum Einzel-Drehfehler mit der im unteren Teil von Bild 4.3 dargestellten Gleichung. Dabei wird aufgrund der hohen Korrelation zwischen Differenzgeschwindigkeit und resultierendem Luftschall die Differenzgeschwindigkeit $\dot{\Delta s}_{i.St.}$, die der zeitlichen Integration der Differenzbeschleunigung entspricht, für die weiteren Auswertungen ausgewählt [CARL14 S.63].

Zur Sicherstellung betragsmäßig korrekter Vergleiche zwischen Messung und Simulation müssen die Kalibrierwerte zur Eintragung in das Messdatenerfassungssystem ermittelt werden. Vom Hersteller werden die Messsysteme für einen Messbereich einer translatorischen Beschleunigung A_{Mb} auf einen Spannungsmessbereich U_{Mb} kalibriert. Alle in dieser Arbeit verwendeten Drehbeschleunigungsmesssysteme wurden auf eine maximale Amplitude von $A_{Mb} = 50\ \vec{g}$ bei einer Spannung von $U_{Mb} = 5\ V$ eingestellt.

Unter Kenntnis des Applikationsradius der beiden Beschleunigungssensoren $r_{DBS} = 0{,}0435\ m$ kann mit Gleichung (4-1) der Kalibrierwert bestimmt werden.

$$S_{DBS} = \frac{A_{Mb}/U_{Mb}}{r_{DBS}} = 2255{,}172\ \frac{rad/s^2}{V} \tag{4-1}$$

S_{DBS}	[rad/s²/V]	Sensitivität Drehbeschleunigung	A_{Mb}	[m/s²]	Amplitude Messbereich
U_{Mb}	[V]	Spannung Messbereich	r_{DBS}	[m]	Sensorradius

Die Anregung im Zahneingriff wird über die Strukturbauteile an die Gehäuseoberfläche weitergeleitet und kann dort mittels Körperschallsensoren detektiert werden. Dazu werden vier triaxiale Körperschallsensoren der Firma Brüel & Kjær (Typ 4525-B) verwendet und in unmittelbarer Nähe der Lagersitze befestigt, vgl. **Bild 4.4** links. Zwei Sensoren werden auf den Lagerbuchsen an der Antriebsseite und zwei auf den Lagerbuchsen der Abtriebsseite appliziert. Alle Sensoren werden jeweils so angebracht, dass gleiche Raumrichtungen der Koordinatensysteme vorliegen. Dabei zeigt die y-Achse in Achsrichtung, wodurch Anregungseffekte aus der Axialkraft resultierend detektierbar werden. Darüber hinaus lassen die z-Achse in vertikaler und die x-Achse in horizontaler Richtung Rückschlüsse auf Radialkraftkomponenten zu.

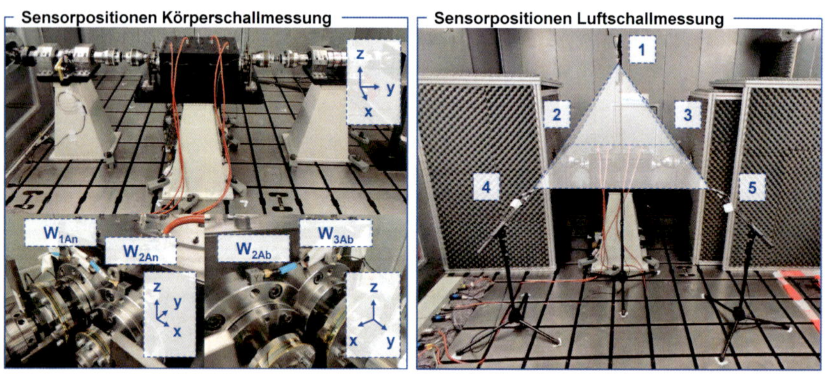

Bild 4.4: Messtechnik und Messpositionen zur Messung des Körper- und Luftschalls

Measurement Technology and Positions for Measuring Structure-Borne and Airborne Noise

Zur Messung des Luftschalls als Bewertungskenngröße für das Abstrahlverhalten und das dynamische Geräuschverhalten des Prüfgetriebes werden fünf Freifeldmikrofone der Firma Brüel & Kjær (Typ: 4966 und 4189) verwendet. Die Anordnung der Mikrofone ist im rechten Teil von Bild 4.4 abgebildet. Ein Mikrofon ist zentral über dem Prüfgetriebe platziert, während die anderen vier Mikrofone in der Achsebene angebracht werden. Die Abstände vom Prüfgetriebe betragen jeweils $r_{Mik} = 0{,}7\ m$. Zum Nachweis der Fernfeldbedingungen wird die Phasenbeziehung zwischen Schalldruck und Schallschnelle überprüft. Dazu kann mit Gleichung (4-2) die komplexe Feldimpedanz Z_k bei kugelförmiger Wellenausbreitung unter Berücksichtigung der Kreiswellenzahl k nach Gleichung (4-3) bestimmt werden. Mit der Feldimpedanz für eine ebene Welle $Z_0 = 413\ Ns/m^3$, einem Abstand von $r_{Mik} = 0{,}7\ m$ zwischen Mikrofon und Prüfgetriebe, einer Bezugsfrequenz von $f = 1\ kHz$ und einer Referenzschallgeschwindigkeit $c = 343\ m/s$ kann ein Phasenwinkel von $\varphi = 4{,}5°$ zwischen Schalldruck und Schallschnelle ermittelt werden. Aufgrund der räumlichen Beschränkungen durch die Schallschutzkabine stellt die gewählte Mikrofonanordnung somit einen Kompromiss zur Annahme von Fernfeldbedingungen im wahrnehmungsrelevanten Frequenzbereich dar.

$$\underline{Z_k} = \frac{\underline{p}}{\underline{v}} = Z_0 \frac{jkr_{Mik}}{1 + jkr_{Mik}} \tag{4-2}$$

$$k = \frac{\omega}{c} \tag{4-3}$$

$\underline{Z_k}$	[-]	Feldimpedanz	$\underline{p}$	[m/s]	Schalldruck
$\underline{v}$	[m/s]	Schallschnelle	Z_0	[Ns/m³]	Feldimpedanz ebene Welle
k	[m⁻¹]	Kreiswellenzahl	r_{Mik}	[m]	Mikrofonabstand
ω	[s⁻¹]	Referenzeigenkreisfrequenz	c	[m/s]	Referenzschall-geschwindigkeit

Die Messdatenerfassung wird mit einem Frontend der Firma Vispiron Rotec durchgeführt. Damit können sowohl die analogen Signale der Drehbeschleunigung sowie des Körper- und Luftschalls als auch die digitalen Drehzahlmessdaten erfasst werden. Die Abtastfrequenz wird für die analogen Datenkanäle zu $f_{Abtast} = 50\ kHz$ festgelegt.

4.1.3 Verzahnungsdaten und Wellengeometrie des Referenzaufbaus

Gear Data and Shaft Geometry of the Reference Setup

Eine Anforderung während des Konstruktionsprozesses ist die einfache Montage der Zahnräder, um den Einfluss verschiedener Verzahnungsparameter auf das Anregungs- und Geräuschverhalten untersuchen zu können. Alle im Prüfgetriebe montierten Verzahnungen weisen daher denselben Bohrungsdurchmesser und dieselbe Radkörperbreite auf. Außerdem wird die Kraftübertragung der Welle-Nabe-Verbindung über eine Passfeder realisiert. Die Geometrie der Zahnradsitze auf den Wellen wird dementsprechend ausgelegt. Die Modellierung und Validierung der Berechnungskette wird nachfolgend zunächst anhand eines Referenzaufbaus durchgeführt, bevor in Kapitel 5 der Einfluss weiterer Parameter diskutiert wird. In **Bild 4.5** sind daher die Verzahnungsdaten und die Geometrie der Verbindungswelle des Referenzaufbaus aufgeführt. Die Verzahnungsdaten beschreiben einen Radsatz, der auf beiden Stufen des Referenzaufbaus mit einem Achsabstand von $a = 112{,}5\ mm$ montiert wird. Das Ritzel weist eine negative Steigungsrichtung des Schrägungswinkels und das Rad eine positive Steigungsrichtung auf, vgl. Bild des Modells in Bild 4.5. Daraus folgt, dass sich die Axialkräfte an der Verbindungswelle aufgrund des Leistungsflusses verstärken, da beide in Richtung des Antriebs zeigen. Der Radsatz weist eine ganzzahlige Gesamtüberdeckung $\varepsilon_\gamma = 3{,}0$ auf, wodurch ein eher anregungsarmer Radsatz zu erwarten ist.

Verzahnungsdaten

Normalmodul	m_n	=	3 mm
Normaleingriffswinkel	α_n	=	20°
Achsabstand	a	=	112,5 mm
Zähnezahlen	$z_{1/2\text{-}3/4}$	=	29/42
Schrägungswinkel	$\beta_{1/2\text{-}3/4}$	=	-19,3°/19,3°
Zahnbreite	$b_{1/2\text{-}3/4}$	=	41,5/44,0 mm
Fußkreisdurchmesser	$d_{f1/2\text{-}f3/4}$	=	85,0/124,5 mm
Kopfkreisdurchmesser	$d_{a1/2\text{-}a3/4}$	=	98,6/138,2 mm
Profilüberdeckung	ε_α	=	1,54
Sprungüberdeckung	ε_β	=	1,46
Gesamtüberdeckung	ε_γ	=	3,00

Verbindungswelle

Durchmesser	$d_{W,max}$	=	60,0 mm
Länge zw. Zahnrädern	l_Δ	=	236,0 mm
Durchmesser Zahnradsitz	d_Z	=	45 mm

- Welle-Nabe-Verbindung mittels Passfeder

Bild 4.5: Übersicht zum Referenzaufbau
Reference Setup Overview

Die Übersetzung der Einzelstufen beträgt $i_{St} = 1{,}45$, wodurch sich eine Gesamtübersetzung von $i_{ges} = 2{,}10$ ergibt. Die Verzahnungsordnungen in Bezug auf die Eingangswelle ergeben sich für die erste Stufe nach Gleichung (4-4) und für die zweite Stufe nach Gleichung (4-5).

$$1.\,O_{z,1St} = \frac{n_1 \cdot z_1}{n_1} = 29{,}0 \quad (4\text{-}4)$$

$$1.\,O_{z,2St} = \frac{n_3 \cdot z_3}{n_1} = \frac{z_3}{i_{1St}} = 20{,}0 \quad (4\text{-}5)$$

$n.\,O_{z,iSt}$	[-]	n. Verzahnungsordnung Stufe i	n_i	[min⁻¹]	Drehzahl Zahnrad i
z_i	[-]	Zähnezahl Zahnrad i	i_{iSt}	[-]	Übersetzung Stufe i

Aufgrund der steifen Gehäusekonstruktion und der daraus zu erwartenden, geringen Verlagerungen wird lediglich eine Breitenballigkeit von $C_\beta = 2\ \mu m$ bei Ritzel und Rad ausgelegt. Außerdem wird auf allen Rädern eine lange Kopfrücknahme nach NIEMANN/WINTER vorgesehen [NIEM03 S.112–115]. Alle Verzahnungen wurden aus Einsatzstahl (16MnCr5) hergestellt. Die verzahnungsbezogene Prozesskette erstreckte sich von der Vorbearbeitung mittels Wälzfräsen, dem Einsatzhärten und dem diskontinuierlichen Profilschleifen als Endbearbeitung. Nach der Endbearbeitung wurden die Räder auf einem Verzahnungsmesszentrum überprüft. Die Mikrogeometrieabweichungen liegen dabei innerhalb IT4 nach DIN 3962 [DIN78b, DIN78a].

Die Verbindungswelle besteht ebenfalls aus Einsatzstahl (18CrNiMo7-6). Dabei wird der Wellendurchmesser zwischen den Getriebestufen mit Fokus auf eine steife Verbindung ausgelegt, wodurch von einer hohen Beeinflussung zwischen den Getriebestufen ausgegangen werden kann ($d_{W,max} = 60\ mm$).

4.2 Analyse des quasistatischen Anregungsverhaltens

Analysis of the Quasi-Static Excitation Behavior

Die Beschreibung des quasistatischen Anregungsverhaltens stellt den ersten Schritt in der Geräuschentstehungskette dar. Quasistatische Berechnungsmethoden werden häufig in der Auslegung verwendet, um den Drehfehler von Einzelstufen zu charakterisieren und um Variantenrechnungen zur Bestimmung der Mikrogeometrie an Einzelstufen durchzuführen. Im Folgenden wird eine bestehende Zahnkontaktanalyse zunächst auf die Analyse von zweistufigen Getrieben erweitert. Dazu zählt einerseits die Erweiterung der Fesselbedingungen und andererseits die kombinierte Berechnung des Gesamtgetriebes inklusive der Auswertung des Gesamt-Drehfehlers. Anschließend wird das mit dem Modell berechnete quasistatische Anregungsverhalten anhand experimenteller Messdaten am Referenzaufbau validiert und an einem zweistufigen Getriebe für die E-Mobilität angewendet.

4.2.1 Modell zur Anregungsberechnung mit einer FE-basierten Zahnkontaktanalyse

Model for Excitation Calculation with FE-Based Tooth Contact Analysis

Zur Berechnung des quasistatischen Anregungsverhaltens wird die FE-basierte Zahnkontaktanalyse FE-Stirnradkette (STIRAK) verwendet, die auf einem zweidimensionalen Kontaktansatz beruht, vgl. Abschnitt 2.3.1. Im ersten Schritt werden unter Berücksichtigung von Vereinfachungen durch den Linienkontakt bei evolventischen Verzahnungen die Eingriffsbedingungen der Einzelstufen bestimmt. Dabei werden unter anderem die Verzahnungsgeometrie und die belasteten Berührpunkte bzw. Lastfälle festgelegt. Im zweiten Schritt wird darauf basierend die Vernetzung der FE-Modelle durchgeführt. Bisher wurden dabei meist nur Segmente aus Zähnen und zahnfreien Elementen der Räder vernetzt und diese an den Schnittflächen und der Bohrung gefesselt, vgl. konventionelle Modellierung in **Bild 4.6**. Dies kann zu einer im Vergleich zur Realität zu steifen Anbindung führen, weshalb eine alternative Fesselungsstrategie mit einem Koppelelement entwickelt wird.

Bei der Fesselung mit dem Koppelelement werden die Radkörper als Vollräder modelliert, vgl. Bild 4.6 rechts. Die Anzahl der berücksichtigten, feiner vernetzten Zähne bleibt identisch zur konventionellen Modellierung, wodurch die Gesamtanzahl an Knoten nur geringfügig erhöht wird. Die Fesselung erfolgt an einer Stirnseite des Radkörpers. Um während der Belastung durch die Lastfälle eine entgegen der Realität auftretende Biegeverlagerung entlang der Zahnbreite zu vermeiden, wird ein Koppelelement genutzt. Zu dessen Definition sind einerseits ein Referenzknoten und andererseits die Koppelknoten auf der Zahnradoberfläche notwendig. Im dargestellten Beispiel werden alle Knoten der Bohrung an einen Referenzknoten in der Mitte des Zahnrads gekoppelt. Der Referenzknoten wiederum wird an die Umgebung gefesselt, wobei nur die Drehung um die Rotationsachse freigegeben wird und alle anderen Freiheitsgrade gesperrt werden. Durch diese neue Fesselung können Torsionsverformungen entlang der Zahnbreite berücksichtigt werden.

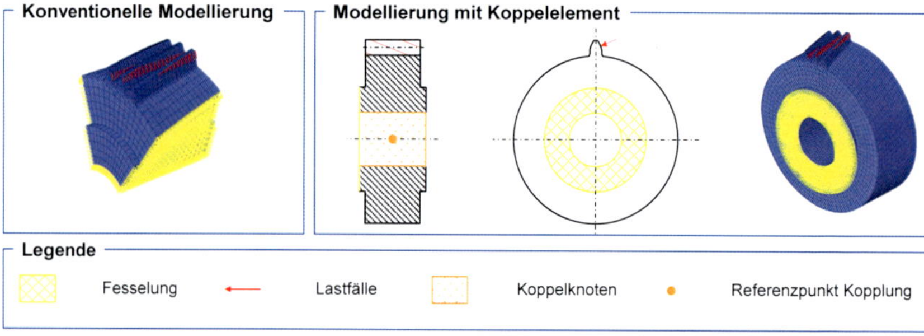

Bild 4.6: Fesselungsmöglichkeiten in STIRAK

Encastre Options in STIRAK

Der Vergleich zwischen konventioneller Fesselung und der Fesselung mit Koppelement ist anhand der resultierenden Pressungen einer Einzelstufe in **Bild 4.7** aufgeführt. Die Fesselungen werden analog zum Vorgehen in Bild 4.6 modelliert. In der oberen Bildzeile werden die Pressungsverläufe für einen Vollradkörper (V1 und V4) bei einem Antriebsdrehmoment von $M_{an} = 700\ Nm$ dargestellt.

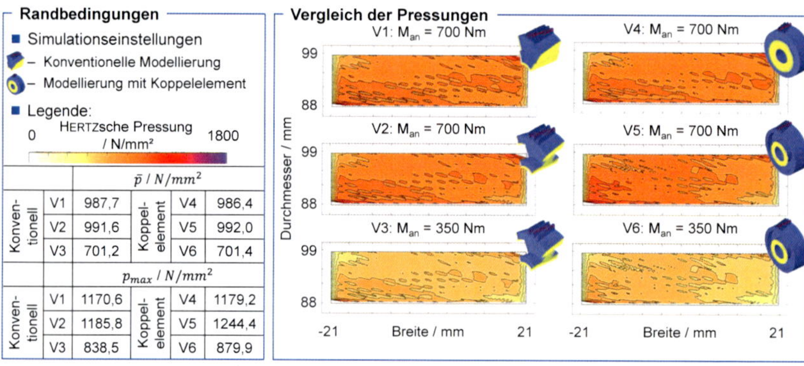

		$\bar{p}\ /\ N/mm^2$			
Konventionell	V1	987,7	Koppelelement	V4	986,4
	V2	991,6		V5	992,0
	V3	701,2		V6	701,4
		$p_{max}\ /\ N/mm^2$			
Konventionell	V1	1170,6	Koppelelement	V4	1179,2
	V2	1185,8		V5	1244,4
	V3	838,5		V6	879,9

Bild 4.7: Vergleich der Fesselungsoptionen

Comparison of Encastre Options

Sowohl in der qualitativen Analyse als auch in der quantitativen Analyse der mittleren Pressung $\bar{p}$ und der maximalen Pressung p_{max} fallen nur sehr geringe Unterschiede zwischen den beiden Varianten ($\Delta < 1\ \%$) auf. Demgegenüber wird bei den Varianten in der mittleren und unteren Bildzeile ein verkleinerter Radkörper analysiert, der eine geringere Steifigkeit aufweist. Dadurch werden die torsionsbedingten Effekte verstärkt, was sich in erhöhten maximalen Pressungen ($\Delta = 5\ \%$) widerspiegelt. Die Effekte treten durch den linear-elastischen Ansatz gleichermaßen beim Vergleich der Varianten V2-V5 mit demselben Drehmoment wie bei V1-V4 und der Varianten V3-V6 mit halbiertem Drehmoment auf. Bei sehr steifen Radkörpern ist der Effekt der Torsion folglich vernachlässigbar und wird erst bei torsionsweichen Radkörpern relevant.

Den nächsten Schritt stellt die Ermittlung der Einflusszahlen dar. Die Einflusszahlenmatrizen sind Bausteine für das Gleichungssystem, mit dem das quasistatische Anregungsverhalten berechnet wird. Darüber hinaus werden weitere Bausteine benötigt. Die kinematische Kopplung der beiden Getriebestufen erfolgt über den lastbedingten Verdrehwinkel an der Zwischenwelle φ_{Tor} nach Gleichung (4-6). Die lastbedingte Torsion der Verbindungswelle φ_{Tor} wird über einen analytischen Berechnungsansatz in Gleichung (4-7) berücksichtigt.

$$\varphi_{2,1.St} - \varphi_{1,2.St} = -\varphi_{Tor} \tag{4-6}$$

$$\varphi_{Tor} = \frac{M \cdot l_{\Delta}}{G \cdot I_p} \tag{4-7}$$

$\varphi_{j,i.St}$	[rad]	Drehwinkel Rad j, i. Stufe	φ_{Tor}	[rad]	Verdrehwinkel an der Zwischenwelle
M	[Nm]	Drehmoment der Zwischenwelle	l_{Δ}	[m]	Abstand zwischen den Stirnflächen der Zahnräder
G	[N/m²]	Schubmodul	I_P	[m⁴]	Polares Flächenträgheitsmoment

Das vorgegebene Antriebsmoment kann nach Gleichung (4-8) in die Zahnkraft der ersten Stufe umgerechnet werden $F_{g,1.St}$. Die Zahnkraft der jeweiligen Stufe wird in die Berührpunktkräfte je Eingriff F_{iSt} aufgeteilt, deren Summe nach Gleichung (4-9) der Zahnkraft entsprechen muss. Neben der kinematischen Kopplung an der Verbindungswelle aus Gleichung (4-6) kann das Kräftegleichgewicht dort nach Gleichung (4-10) ermittelt werden.

$$M_{an} = r_{b1,1.st} \cdot F_{g,1.St} \tag{4-8}$$

$$F_{g,i.St} = \sum_{j=1}^{n_j} F_{iSt,j} \tag{4-9}$$

$$-r_{b2,1.st} \cdot F_{g,1.St} + r_{b1,2.st} \cdot F_{g,2.St} = 0 \tag{4-10}$$

M_{an}	[Nm]	Antriebsdrehmoment	$r_{bj,i.St}$	[m]	Grundkreisradius Rad j, i. Stufe
$F_{g,i.St}$	[N]	Gesamtkraft i. Stufe	F_{iSt}	[N]	Berührpunktkraft i. Stufe

Außerdem werden die Drehfehler der Einzelstufen $\Delta s_{1.St}$ und $\Delta s_{2.St}$ gemäß der Gleichung aus Bild 4.3 berechnet. Neben den berechneten Einflusszahlen werden die Gleichungen (4-6)-(4-10) in dem Gleichungssystem in **Bild 4.8** zusammengefasst, mit dem die Ergebnisgrößen bestimmt werden. Die Ergebnisgrößen entsprechen in dem in Matrixschreibweise $\bar{\bar{A}} \cdot \bar{x} = \bar{b}$ dargestellten Gleichungssystem dem Vektor $\bar{x}$. Wälzstellungsabhängig werden die Ergebnisgrößen wie Einzel-Drehfehler und Zahnkräfte bestimmt, wodurch sich ein Verlauf über einer Teilung ergibt.

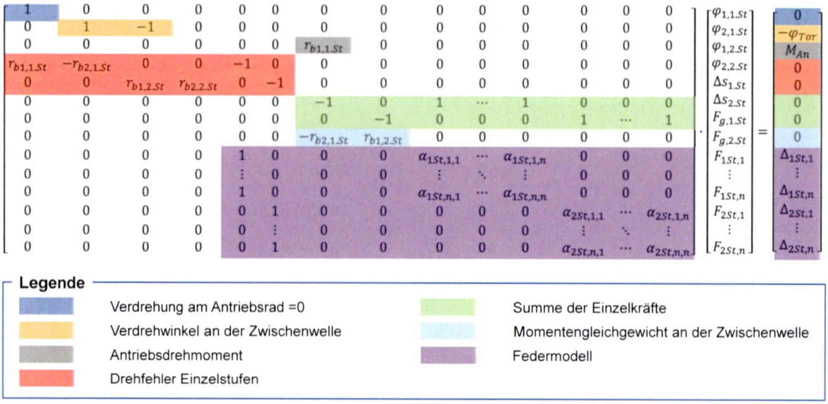

Bild 4.8: Gleichungssystem zur Berechnung des quasistatischen Anregungsverhaltens
System of Equations for the Calculation the Quasi-Static Excitation Behavior

Darüber hinaus wird zur Analyse des Anregungsverhaltens neben den Drehfehlern der Einzelstufen $\Delta s_{1.St}$ und $\Delta s_{2.St}$, der Gesamt-Drehfehler $\Delta\varphi_{ges}$ zwischen An- und Abtriebswelle des Getriebes berechnet. Dabei liegen die Einzel-Drehfehler in Bezug auf die jeweilige Eingriffsstrecke in der Einheit µm vor. Demgegenüber kämmen die Räder der An- und Abtriebswelle nicht miteinander, weshalb eine Angabe des Gesamt-Drehfehlers in Bezug auf die Eingriffsstrecke nicht sinnvoll ist und der Gesamt-Drehfehler stattdessen in Bezug auf den Abtriebsdrehwinkel in *µrad* angegeben wird. Die Berechnung des Gesamt-Drehfehlers erfolgt nach Gleichung (4-11).

$$\Delta\varphi_{ges} = \varphi_{2,2.St.} - \left|i_{1.St}^{-1}\right| \cdot \left|i_{2.St}^{-1}\right| \cdot \varphi_{1,1.St.} = \frac{\Delta s_{2.St}}{r_{b2,2.St}} + \left|\frac{1}{i_{2.St}}\right| \left(\varphi_{Tor} + \frac{\Delta s_{1.St}}{r_{b2,1.St}}\right) \qquad (4\text{-}11)$$

$\Delta\varphi_{ges}$	[rad]	Gesamt-Drehfehler	$\varphi_{j,i.St.}$	[rad]	Drehwinkel Rad j, i. Stufe
$i_{i.St}$	[-]	Übersetzung i. Stufe	$\Delta s_{i.St}$	[m]	Einzel-Drehfehler i. Stufe
$r_{bj,i.St}$	[m]	Grundkreisradius Rad j, i. Stufe	φ_{Tor}	[rad]	Verdrehwinkel an der Zwischenwelle

Die Berechnung wird in einem nachgelagerten Analyseschritt auf Basis der Einzel-Drehfehler und der Wellentorsion der Zwischenwelle ausgeführt, bei dem die jeweiligen Drehwinkel der beiden Stufen ortsrichtig ermittelt werden. Mittels Frequenzanalyse können sowohl für die Einzel-Drehfehler als auch für den Gesamt-Drehfehler die Anregungsanteile für die Zahneingriffsordnungen von beiden Getriebestufen bestimmt werden.

Bei Getriebekonfigurationen, bei denen die Zahneingriffsfrequenzen der beiden Stufen gleich oder vielfache sind, kann eine Reduktion des Gesamt-Drehfehlers durch die Phasenverschiebung erzielt werden. Die Ermittlung der Phasenverschiebung wird auf Basis der Ansätze von SATTELBERGER durchgeführt [SATT97 S.28-31]. In Abhängigkeit der Achspositionen der Getriebestufen wird über die beiden Eingriffsbeginne A_i und die jeweiligen Zahndickenhalbwinkel der Winkel $\Delta\varphi$ zwischen den beiden im Eingriff befindlichen Zähne bestimmt. Mit Gleichung (4-12) kann mit dem Teilungswinkel τ zwischen zwei Zähnen die Phasenverschiebung Δp berechnet werden. Der Wert der Phasenverschiebung liegt dabei zwischen $0 \leq \Delta p < 1$, wobei die beiden Randwerte einem gleichzeitigen Eingriffsbeginn der beiden Stufen entsprechen. Die dazwischenliegenden Werte beschreiben einen zeitlichen Versatz der Eingriffsfolge der beiden Getriebestufen, wobei in der Literatur ein Wert von $\Delta p = 0{,}5$ als schwingungsreduzierend angegeben wird, vgl. Abschnitt 2.2.2. Der Einfluss der Phasenverschiebung auf das Anregungs- und Geräuschverhalten wird in Abschnitt 5.3 anhand des Sonderfalls makrogeometrisch gleicher Zahnräder auf der Verbindungswelle untersucht.

$$\Delta p = \frac{\Delta\varphi}{\tau} \tag{4-12}$$

Δp	[-]	Phasenverschiebung	$\Delta\varphi$	[rad]	Winkel zwischen den Zahnmitten
τ	[rad]	Teilungswinkel			

4.2.2 Validierung mittels experimenteller Ergebnisse

Validation by means of Experimental Results

Die Validierung des Berechnungsmodells erfolgt sowohl für die Einzel-Drehfehler als auch für den Gesamt-Drehfehler am vorgestellten Referenzaufbau. Für die experimentellen Untersuchungen werden quasistationäre Betriebsbedingungen angestrebt, sodass eine Abtriebsdrehzahl von $n_{ab} = 80\ min^{-1}$ gewählt wird. Das Antriebsdrehmoment wird zwischen $M_{an} = 25\ Nm$ und $M_{an} = 300\ Nm$ mit einer Schrittweite von $\Delta M_{an} = 25\ Nm$ variiert. Zur rechnerischen Abbildung werden gemessene Topografiedaten der Zahnflanken und die ideale Einbaulage verwendet. Aufgrund des steifen Prüfaufbaus kann der Einfluss lastbedingter Verlagerungen als vernachlässigbar eingestuft werden, was durch Tragbilder über dem gesamten Flankenbereich schon bei geringen Drehmomenten qualitativ bestätigt werden kann.

Im ersten Schritt der Validierung werden die Drehfehler der Einzelstufen betrachtet. Die Fesselung wird aufgrund der starren Radkörper ohne Koppelelement modelliert. Dazu werden in **Bild 4.9** die gemessenen (hellblau) Ergebnisse den simulierten (dunkelblau) Drehfehlerverläufen der beiden Stufen über dem Drehmoment gegenübergestellt. Ausgewertet werden für beide Stufen die peak-Amplituden der ersten beiden Verzahnungsordnungen. Die Drehfehler werden jeweils aus den Drehwinkelmesssystemen neben den jeweiligen Verzahnungen bestimmt, was anhand der farblich markierten Zahnräder gekennzeichnet ist. Bei der Analyse der ersten Stufe in der Mitte von Bild 4.9 steigt der Drehfehler der ersten Verzahnungsordnung $(1.f_{z,1.St.})$ sowohl in Experiment als auch in der Simulation degressiv über dem Drehmoment an. Bei hohen Momenten wird die Anregung von der Simulation leicht unterschätzt. Die $2.f_{z,1.St.}$ weist ein Maximum bei $M_{an} = 100\ Nm$ auf, das von der Simulation höher als im Experiment vorhergesagt wird. Bei der zweiten Stufe im rechten Teil von Bild 4.9 wird der Drehfehlerverlauf anhand der Messsysteme an der zweiten Stufe ermittelt. Verlauf und Betrag des Drehfehlers in der Simulation der $1.f_{z,2.St.}$ treffen die experimentellen

Ergebnisse mit dem Minimum bei $M_{an} = 25\,Nm$ und dem Maximum um $M_{an} = 100\,Nm$. Gleiches gilt für den Verlauf der $2.f_{z,2.St.}$. Dort wird die veränderliche Anregung über dem Drehmoment von der Simulation korrekt vorhergesagt. Generell weisen Experiment und Simulation für beide Stufen und beide Verzahnungsordnungen eine hohe Übereinstimmung auf.

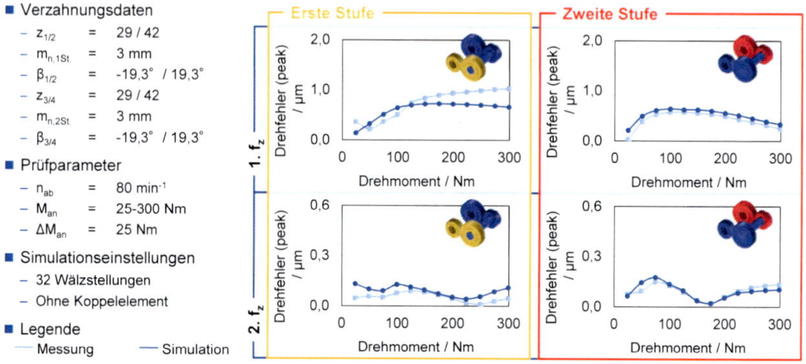

Bild 4.9: Validierung des quasistatischen Anregungsverhaltens: Einzel-Drehfehler

Validation of the Quasi-Static Excitation Behavior: Single Transmission Error

Neben den separaten Charakterisierungen der Einzelstufen wird in **Bild 4.10** der Gesamt-Drehfehler zwischen der Eingangs- und der Ausgangswelle analysiert, vgl. farblich markierte Räder. Auf simulativer Seite wird in diesem Fall die Fesselung mit Koppelelementen verwendet. Wie in Abschnitt 4.2.1 eingeführt wird nun der Gesamt-Drehfehler als winkelbezogene Größe analysiert, was zu betragsmäßig größeren Ergebnisgrößen als bei der wegbezogenen Auswertung in Bild 4.9 führt. An der Abtriebsstufe entspricht ein rotatorischer Drehfehler von $\Delta\varphi = 10\ \mu rad$ einem translatorischen Drehfehler von $\Delta s = 0{,}62\ \mu m$. Als Bezugsgröße wird der Drehwinkel der Abtriebswelle verwendet. Beim Vergleich der Ergebnisse aus Messung und Simulation für die erste Stufe im mittleren Teil von Bild 4.10 kann eine hohe Übereinstimmung für die $1.f_{z,1.St.}$ festgestellt werden. Die Amplitude der $2.f_{z,1.St.}$ wird in der Simulation etwas überschätzt. Außerdem schwankt der Verlauf in der Simulation stärker als im Experiment. Demgegenüber passen die berechneten Verläufe und Amplituden der betrachteten Verzahnungsordnungen der zweiten Stufe sehr gut zu den gemessenen Ergebnissen, da sowohl für die $1.f_{z,2.St.}$ als auch für die $2.f_{z,2.St.}$ die Minima und Maxima getroffen werden.

Daraus lässt sich ableiten, dass auch die Analyse des Gesamt-Drehfehlers sehr gute Rückschlüsse auf die Drehfehler der Einzelstufen zulässt. Folglich konnte die Modellierung des quasistatischen Anregungsverhaltens von zweistufigen Getrieben sowohl für die Betrachtung der Einzelstufen als auch des Gesamt-Drehfehlers validiert werden. Die Validierung des ersten Schrittes der Geräuschentstehungskette hat ebenfalls Auswirkungen auf die weiteren Analyseschritte, da Ergebnisse aus den validierten Modellen der Einzelstufen im späteren Verlauf als Eingabegrößen für das

Drehschwingungsmodell zur Analyse des dynamischen Anregungsverhaltens verwendet werden. Durch Verwendung von validierten Eingangsgrößen kann die Simulationsgüte gesteigert werden.

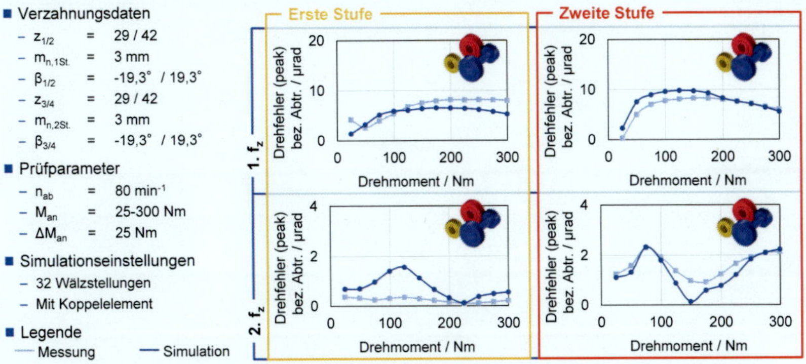

Bild 4.10: Validierung des quasistatischen Anregungsverhaltens: Gesamt-Drehfehler
Validation of the Quasi-Static Excitation Behavior: Total Transmission Error

4.2.3 Anwendung auf ein Getriebe für die E-Mobilität

Application to a Gearbox For E-Mobility

Neben der Validierung des Berechnungsmodells zum quasistatischen Anregungsverhalten am zweistufigen Prototypengetriebe wird die Methode auf ein zweistufiges E-Mobilitätsgetriebe angewendet, das beispielsweise in der Serienanwendung eines Plug-In Hybrid verbaut wird [GKN21]. Das Getriebe weist eine Gesamtübersetzung von $i_{ges} = 12{,}5$ auf. Das maximale Antriebsmoment liegt bei $M_{an} = 160\ Nm$, was einem maximalen Abtriebsdrehmoment von $M_{ab} = 2000\ Nm$ entspricht. Als Auswertegrößen während der Validierungsuntersuchungen werden die Drehfehler von beiden Stufen über dem Drehmomenthochlauf ausgewählt.

Zur messtechnischen Erfassung der Drehfehlerverläufe wird das Getriebe konstruktiv angepasst. Dazu wird an jeder Welle ein Drehgeber installiert, damit beide Getriebestufen separat voneinander charakterisiert werden können. Die mechanische Anpassung umfasst somit die Anpassung sowohl der rotierenden Teile als auch des Gehäuses, um die Dichtigkeit des Getriebes durch die zusätzlichen Komponenten weiterhin zu gewährleisten. Die Anpassung des Getriebes und das Konzept zur Integration der Drehgeber sind in **Bild 4.11** abgebildet. Die gelb dargestellten optischen Drehgeber vom Typ AK ERA 4280 der Firma Heidenhain werden dabei analog zum Aufbau beim Prototypengetriebe außerhalb des orangen Gehäuses an die Wellen adaptiert. Aufgrund des optischen Messprinzips müssen diese außerhalb des Getriebes in ölfreier Umgebung montiert werden, was durch den fehlenden Platz innerhalb des Getriebes infolge der sehr kompakten Bauweise untermauert wird. Die Statoren sind aus Darstellungsgründen nicht abgebildet. Die Einstellung der Rundlaufgenauigkeit der Rotoren sowie des Abstands zwischen Rotor und Stator wurde nach denselben

Grenzwerten wie für das Prototypengetriebe vorgenommen. Im Serienbetrieb wird auf der Eingangsseite direkt das Motorgehäuse des Elektromotors an das Getriebe angeflanscht, während auf der Abtriebsseite beidseitig die Abtriebswellen wegführen. Für die Validierungsversuche wird jedoch ein Getriebe mit gesperrtem Differenzialgetriebe verwendet, sodass der Abtrieb ebenfalls einseitig erfolgt.

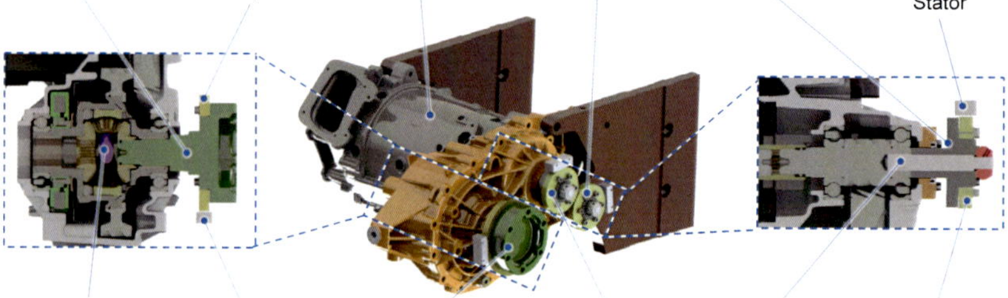

Bild 4.11: Aufbau des Getriebes für die E-Mobilität
Setup of the Gearbox for E-Mobility

Zum Abtrieb wird eine Seitenwelle aus dem Serienaufbau mit der Steckverzahnung mechanisch zum Abtriebsflansch erweitert. Dazu wird ein Bauteil an die Seitenwelle stoffschlüssig verbunden. Über dieses Bauteil erfolgt sowohl die Aufnahme des Drehgebers als auch die Verbindung zur Abtriebswelle respektive des Abtriebsmotors. Demgegenüber basiert die Drehgeberaufnahme an Antriebs- und die Zwischenwelle auf einem anderen Konzept, das jedoch für beide Wellen identisch ist. Dazu ist in Bild 4.11 rechts die konstruktive Anpassung der Eingangswelle dargestellt. Die jeweilige Welle wurde an der abtriebsseitigen Stirnseite aufgebohrt und eine Wellenverlängerung eingeschrumpft und verklebt. Über eine Trägerbuchse wurde das Drehzahlmesssystem aufgenommen, das axial und rotatorisch über eine Nutmutter gesichert wurde. Die Lauffläche der Trägerbuchse wurde dabei in Bezug auf die Lagersitze der Welle ausgerichtet. Durch die Wellenverlängerung wurde zudem eine Anpassung des Gehäusedeckels notwendig. Dabei wurden Wellendurchführungen sowie weitere Deckel zur Aufnahme von Radialwellendichtringen vorgesehen.

Die Anpassung der Wellen erfolgte nach der Hartfeinbearbeitung der Verzahnungen. Durch die nachträgliche Fertigung besteht die Gefahr, dass Verzüge durch beispielsweise Auflösen von Eigenspannungen entstehen. Daher wird der Ausgangszustand der Eingangswelle mittels einer Verzahnungsmessung dokumentiert und mit dem Zustand nach der Bearbeitung verglichen. Auf einem Verzahnungsmesszentrum wurden an allen Zähnen jeweils drei Profil- (links, mittig, rechts entlang der Zahnbreite) und drei Flankenlinien (oben, mittig, unten entlang der Zahnhöhe) gemessen. Die Ergebnisse der mittleren Linien sind in **Bild 4.12** aufgeführt. In der oberen Bildzeile sind die Abweichungen in Profilrichtung und im unteren Bildteil die Abweichungen in Breitenrichtung dargestellt. Unterschieden wird darüber hinaus zwischen

Winkelabweichungen und Balligkeiten. Die Werte der Abweichungen werden dabei auf den maximalen Wert von allen Abweichungen normiert. Zusammenfassend lässt sich für alle Messgrößen und Zähne feststellen, dass keine relevanten Abweichungen durch die Anpassungsfertigung aufgetreten sind. Die Abweichungen liegen vielmehr in der Größenordnung der Wiederholgenauigkeit des Messsystems, wodurch die hohe Eignung des Anpassungskonzepts nachgewiesen werden kann.

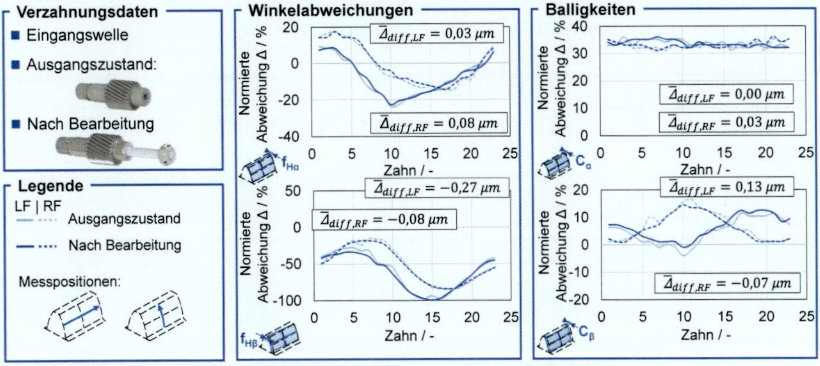

Bild 4.12: Einfluss der Wellenbearbeitung auf die Verzahnungsqualität
Influence of Shaft Machining on Gear Quality

Für die experimentellen Untersuchungen wird das Getriebe in einen elektrisch verspannten Antriebsstrang integriert, vgl. linker Teil von Bild 9.1 im Anhang. Das Prüfgetriebe wird über Gelenkwellen mit der An- und Abtriebsmaschine verbunden. Um darüber hinaus die Systemsteifigkeit möglichst an praxisnahe Bedingungen anzugleichen, wird ein Dummymotor mit Stützlager in den Prüfaufbau integriert. Die Drehmomentabstufung wird auf $\Delta M_{an} = 16\ Nm$ festgelegt, sodass sich 10 Betriebspunkte im Zugbetrieb ergeben. Die Antriebsdrehzahl liegt prüfstandsbedingt bei $n_{an} = 18{,}75\ min^{-1}$. Die Mess- und Auswertedauer wird auf zwei Überrollungen festgelegt. Aufgrund der sehr geringen Drehzahlen führt das zu Messdauern pro Betriebspunkt von $t = 32\ min$. Unter Einbeziehung der zur Beurteilung möglicher Messausreißer notwendigen drei Messungen ergibt sich eine Gesamtmessdauer von über $t = 24\ h$, weshalb eine vollautomatisierte Durchführung der Messungen umgesetzt wurde. Dabei hat sich gezeigt, dass eine Verminderung der Messdauer unterhalb einer kompletten Überrollung aufgrund der Abweichungen über dem Umfang zu Schwankungen im Drehfehler führen. Die Abweichungen werden nicht vom quasistatischen Berechnungsmodell abgebildet, weshalb auch für zukünftige Untersuchungen die Messung von mindestens einer Überrollung der langsamen Stufe empfohlen wird.

Im Gegensatz zum Prototypengetriebe ist das dünnwändige Gehäuse des E-Mobilitätsgetriebe weicher, woraus sich mit ansteigendem Drehmoment Verlagerungen der Zahneingriffe ergeben. Das lastbedingte Verlagerungsverhalten wurde im Vorhinein über die Berechnungssoftware ROMAX für beide Stufen vom Industriepartner ermittelt, vgl. rechter Teil von Bild 9.1 im Anhang. Das Verlagerungsverhalten weist dabei in guter Näherung ein mit dem Drehmoment ansteigendes, lineares Verhalten auf, weshalb die Verlagerung bei der Erstellung des quasistatischen Berechnungsmodells über einen linearen Ansatz berücksichtigt wird. Außerdem werden gemessene Topografiedaten der Zahnflanken verwendet. Nur beim Großrad der zweiten Stufe werden die Sollmodifikationen vorgegeben, da keine Messdaten vorliegen. Darauf basierend ist der Vergleich zwischen den berechneten und gemessenen Drehfehlerverläufen in **Bild 4.13** dargestellt. Die absoluten Werte werden anhand des globalen Maximalwerts normiert, weshalb dimensionslose Werte angegeben werden.

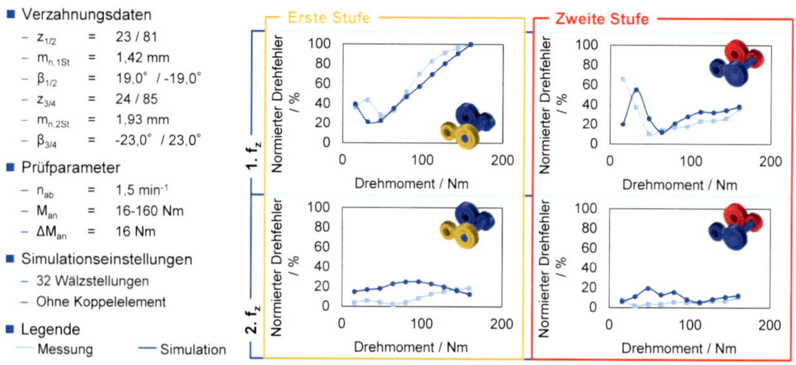

Bild 4.13: Validierung des quasistatischen Anregungsverhaltens – Einzel-Drehfehler
Validation of the Quasi-Static Excitation Behavior – Single Transmission Error

Die erste Zahneingriffsfrequenz der ersten Stufe weist ein lokales Minimum um $M_{an} = 40\ Nm$ auf. Danach steigt die Anregungsamplitude mit steigendem Drehmoment an. Dieser Verlauf wird von der Simulation vorhergesagt. Die $2.\,f_{z,1.St.}$ wird von der Simulation etwas überschätzt, wobei sich die Amplituden zu höheren Drehmomenten annähern. Die erste Zahneingriffsfrequenz der zweiten Stufe weist ein lokales Maximum bei $M_{an} = 16\ Nm$ auf. Bis zu einem lokalen Minimum bei $M_{an} = 48\ Nm$ sinkt die Anregung ab, um danach wieder leicht anzusteigen. Bis auf die Anregungsberechnung beim geringsten Drehmoment weisen Messung und Simulation erneut eine hohe Übereinstimmung auf. Diese Tendenz lässt sich ebenfalls beim Vergleich der Werte der zweiten Zahneingriffsfrequenz der zweiten Stufe erkennen. Einzig der Bereich um das lokale Maximum bei $M_{an} = 48\ Nm$ wird von der Simulation mit einem leicht erhöhten Pegel vorhergesagt.

Schlussfolgernd lässt sich festhalten, dass die Berechnungskette für das quasistatische Anregungsverhalten unter Berücksichtigung von lastbedingten Verlagerungen für einen Anwendungsfall aus der E-Mobilität ebenfalls sehr gute Ergebnisse liefert. Es konnte nachgewiesen werden, dass die zur Integration der Drehgeber notwendige mechanische Anpassung keine Veränderung der ursprünglichen Anregung im Zahneingriff verursacht hat.

4.3 Analyse des dynamischen Anregungsverhaltens

Analysis of the Dynamic Excitation Behavior

Bei der rechnerischen Analyse des dynamischen Anregungsverhaltens kann die Anzahl an Freiheitsgraden im Berechnungsmodell variiert werden. Nachfolgend werden anhand des experimentellen Prüfaufbaus aus Abschnitt 4.1 zwei Mehrkörpersimulationsmodelle auf deren Eignung zur Abbildung des dynamischen Anregungsverhaltens und zur Einbeziehung dynamischer Anregungseffekte in eine Auslegungsmethode untersucht. Zum einen wird ein Drehschwingungsmodell und zum anderen ein Mehrkörpersimulationsmodell mit allen sechs räumlichen Freiheitsgraden entwickelt und anhand der experimentellen Ergebnisse validiert. Vor der Beschreibung und Validierung der Mehrkörpersimulationsmodelle wird im Folgenden zunächst eine Analyse der experimentellen Ergebnisse des Anregungsverhaltens unter dynamischen Betriebsbedingungen durchgeführt. Dies umfasst sowohl die Analyse der Lage der Eigenfrequenzen als auch die Zusammensetzung des Anregungsspektrums durch die verschiedenen Zahneingriffsordnungen der beiden Stufen.

4.3.1 Analyse des experimentellen Anregungsverhaltens

Analysis of the Experimental Excitation Behavior

Das dynamische Anregungsverhalten wird anhand von Drehzahlhochläufen bei konstantem Antriebsmoment analysiert. Das Antriebsdrehmoment wird dabei zwischen $M_{an} = 50\ Nm$ und $M_{an} = 300\ Nm$ mit einer Schrittweite von $\Delta M_{an} = 50\ Nm$ variiert. Die Antriebsdrehzahl wird gleichzeitig innerhalb von $t = 60\ s$ von $n_{an} = 300\ min^{-1}$ bis $n_{an} = 2500\ min^{-1}$ beschleunigt, was gleichbedeutet einer Rampe von $\Delta n_{an}/\Delta t = 36{,}67\ min^{-1}/s$ ist. Ausgewertet wird jeweils die Differenzgeschwindigkeit (in Pegeldarstellung (Bezugswert $v_0 = 1 \cdot 10^{-6}\ m/s$)) jeder Getriebestufe, die dem zeitlichen Integral der mit den Drehbeschleunigungsmesssystemen experimentell bestimmten Differenzbeschleunigung entspricht, vgl. Gleichung in Bild 4.3.

Die Ergebnisse der Differenzgeschwindigkeiten für ein Antriebsdrehmoment von $M_{an} = 300\ Nm$ sind in **Bild 4.14** über dem Drehzahlhochlauf als Wasserfalldiagramm dargestellt. Dabei wird sowohl die frequenzbezogene Auswertung in der oberen Bildzeile als auch die ordnungsbezogene Analyse im unteren Bildteil analysiert. Der Anregungspegel wird jeweils über die dargestellte Farbskala abgebildet. Beim Frequenzspektrum sind bei beiden Stufen die Zahneingriffsordnungen in Form der Ursprungsgeraden als anregungsdominante Anregungen zu erkennen. Die Zahneingriffsordnungen der ersten Stufe werden dabei über die orange verlängerten Linien und die der zweiten Stufe über die roten Linien repräsentiert. Die mit der Drehzahl ansteigenden Zahneingriffsfrequenzen kreuzen die waagerecht verlaufenden Eigenfrequenzen, was in einer erhöhten Schwingungsanregung resultiert. Sowohl bei der ersten Stufe als auch bei der zweiten Stufe liegen die relevanten Schwingungsphänomene in und um den akustisch relevanten Frequenzbereich zwischen $f = 1\ kHz$ und $f = 5\ kHz$. Die Eigenfrequenzen liegen demnach um $f = 700\ Hz$, $f = 1500\ Hz$ und um $f = 3200\ Hz$.

Die höchste Anregung weist in beiden Stufen die Eigenfrequenz bei $f = 700\ Hz$ auf, die vor allem von den ersten Zahneingriffsordnungen der beiden Stufen angeregt wird.

Dieses Ergebnis wird durch die Ordnungsanalyse im unteren Teil von Bild 4.14 bestätigt. Die nun waagerecht verlaufenden Zahneingriffsordnungen der beiden Stufen treten auch hier als dominante Anregungsanteile hervor. Ebenfalls erkennbar ist die Interaktion mit den hyperbelförmig liegenden Eigenfrequenzen. Die erste Zahneingriffsfrequenz der ersten Stufe $1. f_{z,1St}$ trifft bei $n_{an} = 1500\ min^{-1}$ auf die Eigenfrequenz bei $f = 700\ Hz$. Bedingt durch die geringere Ordnung der ersten Zahneingriffsfrequenz der zweiten Stufe $1. f_{z,2St}$, vgl. Gleichung (4-5), durchläuft diese das betreffende Frequenzband erst bei $n_{an} = 2200\ min^{-1}$.

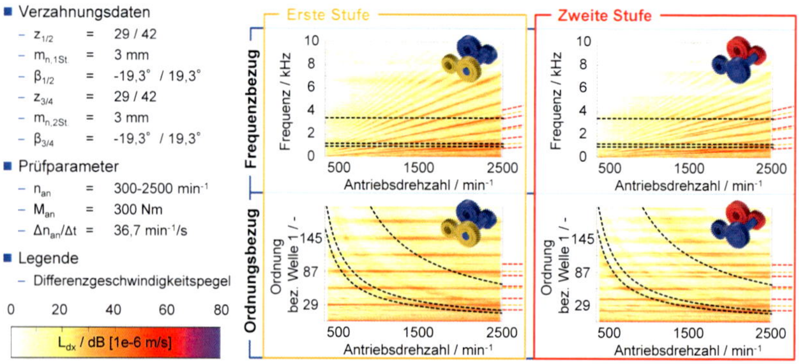

Bild 4.14: Analyse des experimentellen, dynamischen Anregungsverhaltens

Analysis of the Experimental, Dynamic Excitation Behavior

Zur drehzahlunabhängigen Analyse werden in den folgenden Auswertungen gemittelte Betrachtungen dargestellt. In **Bild 4.15** sind die Ordnungsschnitte der ersten beiden Zahneingriffsordnungen der gemittelten Ordnungsspektren der beiden Getriebestufen für die untersuchten Drehmomente aufgeführt. Dabei wird sowohl die aus den Messsystemen an der jeweiligen Stufe ermittelte Anregung als auch die bis zu den Messsystemen der jeweils anderen Stufe weitergeleitete Anregung ausgewertet. Durch den längeren Transferpfad zwischen Anregungsquelle und Messort treten höhere Verluste auf, sodass die Anregungspegel bei allen betrachteten Ordnungen abnehmen. Die Forderung nach einem Messort möglichst nahe der Verzahnung wird dadurch unterstrichen. Die erste Verzahnungsordnung der jeweiligen Stufe weist im Spektrum den höchsten Anregungspegel auf. Das stimmt mit den Erkenntnissen aus der quasistatischen Betrachtung überein, bei der die erste Verzahnungsordnung die höchste Drehfehleramplitude aufgewiesen hat. Der Verlauf der ersten Zahneingriffsfrequenz der ersten Stufe $1. f_{z,1St}$ im mittleren oberen Bildteil steigt degressiv über dem Drehmoment an. Die $2. f_{z,1St}$ weist ein Minimum bei $M_{an} = 250\ Nm$ auf. Beide Verläufe der Zahneingriffsordnung zeigen qualitativ die gleichen Tendenzen wie in den quasistatischen Ergebnissen, vgl. Bild 4.9.

Im Spektrum der zweiten Getriebestufe im rechten Teil von Bild 4.15 steigt die erste Zahneingriffsordnung der zweiten Stufe $1.f_{z,2St}$ ebenfalls leicht degressiv über dem Drehmoment an. Der Anstieg der zweiten Zahneingriffsordnung $2.f_{z,2St}$ wird durch ein lokales Minimum bei $M_{an} = 150\ Nm$ unterbrochen, was ebenfalls die Erkenntnisse bei den Drehfehleranalysen bestätigt.

Die Analyse der experimentellen Ergebnisse offenbart, dass das Frequenzspektrum des dynamischen Anregungsverhaltens maßgebliche Eigenfrequenzen in und um den akustisch relevanten Frequenzbereich aufweist. Dadurch bedingt treten die niedrigen Zahneingriffsordnungen und insbesondere die ersten Zahneingriffsordnungen der beiden Getriebestufen dominant hervor. Dies stimmt mit den Anregungsanteilen des quasistatischen Anregungsverhaltens überein, wodurch hohe Übereinstimmungen festgestellt werden können.

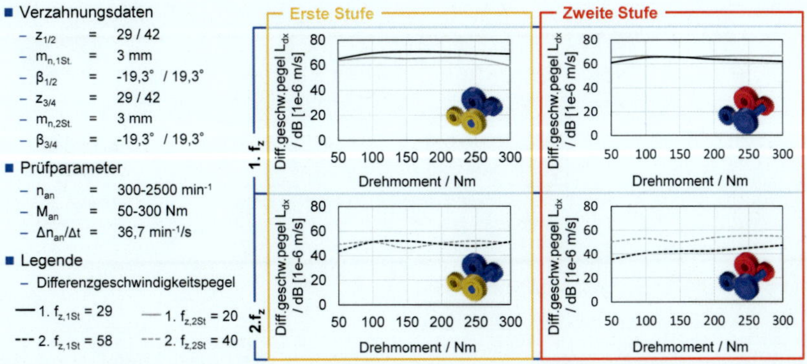

Bild 4.15: Einfluss des Drehmoments auf das experimentelle, dynamische Anregungsverhalten

Influence of the Torque on the Experimental, Dynamic Excitation Behavior

4.3.2 Rotatorisches Mehrkörpersimulationsmodell zur Anregungsberechnung

Rotational Multibody Simulation Model for Excitation Calculation

Zur Berechnung des dynamischen Anregungsverhaltens mit rotatorischem Freiheitsgrad wird das Berechnungsmodell DYNEX1D, das auf der Abbildung von einstufigen Getrieben nach GACKA und CARL basiert, verwendet [GACK13, CARL14]. Dazu wird der bisher beschränkte Modellumfang auf zweistufige Getriebe und deren spezifischen Anregungsmechanismen erweitert. DYNEX1D besteht aus zwei wesentlichen Komponenten: dem am WZL entwickelten Kraftkoppelelement GEARFORCE1D nach GACKA und dem als Mehrkörpersimulationsmodell im rotatorischen Freiheitsgrad abgebildeten Antriebsstrang [GACK13]. Durch Zusammenspiel der beiden Komponenten kann das dynamische Antriebsstrangverhalten und die Verzahnungsanregung berechnet werden. Als Eingabegrößen werden Steifigkeitskennfelder der Verzahnung, die Antriebsstrangstruktur und die Betriebsbedingungen wie Drehmoment- und Drehzahlverlauf benötigt, vgl. **Bild 4.16**. Die Steifigkeitskennfelder können auf Basis des validierten

Berechnungsmodells zum quasistatischen Anregungsverhalten aus Abschnitt 4.2 ermittelt werden.

Als Ausgabegrößen können die Drehmomente im Antriebsstrang und die Drehwinkel und -geschwindigkeiten von An- und Abtrieb, Zahnrädern und Messsystemen ausgegeben werden. Das Hauptaugenmerk liegt jedoch auf dem Zahneingriff und der Differenzgeschwindigkeit und –beschleunigung im Zeit- und Frequenzbereich. Ebenfalls befähigt DYNEX1D zu Variantenrechnungen unter Berücksichtigung des dynamischen Anregungsverhaltens zum Vergleich verschiedener Getriebestufen und zur Identifikation der besten Variante anhand von Einzahlwerten.

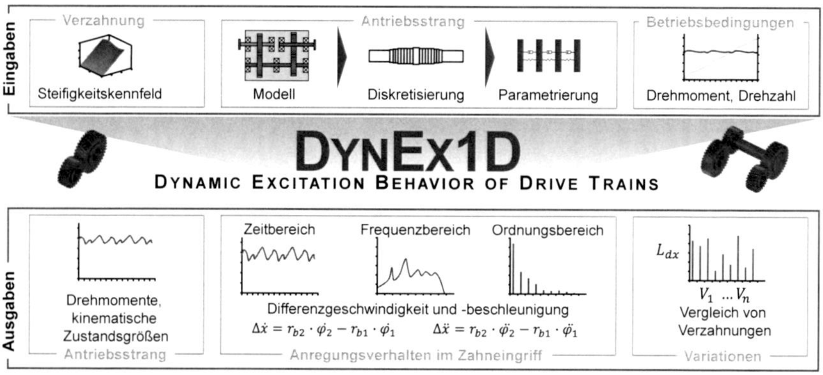

Bild 4.16: Überblick zum Simulationsmodell

Overview of the Simulation Model

Der Wirkungsplan des hinterlegten Simulationsmodells des zweistufigen Getriebes ist in **Bild 4.17** dargestellt. Der Antriebsstrang im unteren rechten Bildteil wird als Mehrkörpersimulationsmodell abgebildet, bei dem nur der Drehfreiheitsgrad freigegeben ist. Zur Ermittlung realistischer Eigenfrequenzen und Eigenformen wird der komplette Prüfaufbau von Antriebs- bis Abtriebsmaschine berücksichtigt. Das Vorgehen zur Abbildung des Antriebsstrangs in der MKS-Umgebung hat das Ziel, die Systemmatrizen (Massenträgheit J, Dämpfung K, Steifigkeit C) für die Simulation bereitzustellen. Der Antriebsstrang wird in ein System aus diskreten Massenträgheiten eingeteilt, die durch masselose Feder-Dämpfer-Systeme verbunden sind. Insgesamt ergibt das Vorgehen ein Simulationsmodell mit 359 Einzelmassen.

Ein derart großes Schwingungssystem führt zu sehr langen Berechnungszeiten bei gleichzeitiger Gefahr von numerischen Instabilitäten aufgrund des weiten Frequenzbereiches, über den sich die Eigenfrequenzen erstrecken. Eine Analyse der Eigenfrequenzen zeigt, dass nur die untersten 30 Eigenfrequenzen im akustisch relevanten Frequenzbereich liegen. Daher wird in das Modell eine modale Reduktion der Freiheitsgrade nach CRAIG und BAMPTON implementiert [CRAI68]. Dabei werden elf externe Freiheitsgrade identifiziert, auf die nach der Reduktion noch zurückgegriffen werden muss. Das betrifft beispielsweise An- und Abtrieb sowie die Messsysteme.

Außerdem werden die niedrigsten 30 modalen Freiheitsgrade berücksichtigt, sodass sich eine Gesamtzahl von 41 Freiheitsgraden für die weiteren Berechnungen ergibt.

Anschließend werden die Systemmatrizen parametriert. Dazu werden verschiedene Vorgehensweisen gewählt. Einfache Bauteile (z.B. Wellen) werden mithilfe analytischer Formeln parametriert. Die Massenträgheit von nicht zylindrischen Bauteilen wird aus CAD-Modellen extrahiert. Allerdings verbleiben Parameter, die kaum oder nur mit einem sehr hohen Aufwand rechnerisch ermittelt werden können. Neben den Kontaktsteifigkeiten an kraft- und formschlüssig verbundenen Komponenten zählt dazu vor allem die Dämpfung [VAJN18 S.359]. Bei der Parametrierung dieser Komponenten wird ein iteratives Vorgehen mit fortlaufendem Abgleich zwischen Messung und Simulation durchgeführt.

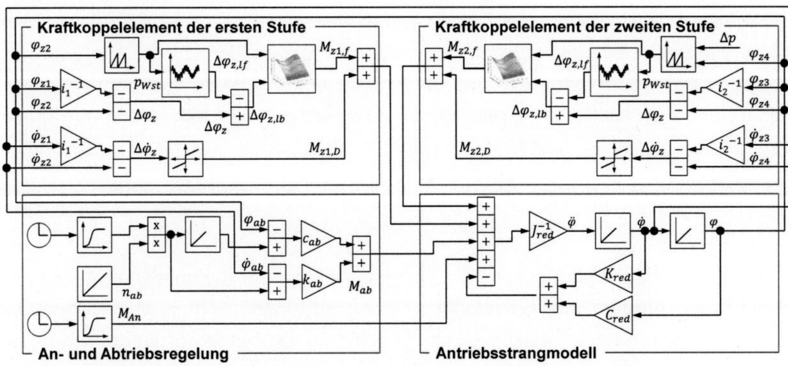

Bild 4.17: Wirkungsplan des rotatorischen Simulationsmodells
Signal Flow Diagram of the Rotational Simulation Model

Die Teilkomponenten der An- und Abtriebsregelung sind im linken unteren Teil von Bild 4.17 dargestellt. In Analogie zu den Prüfstandversuchen wird das Simulationsmodell antriebsseitig als Drehmomentregelung und abtriebsseitig als Drehzahlregelung betrieben. Es werden dabei ideale Verläufe vorgegeben, deren Aufprägung zu Beginn der Simulation mit einer Funktion ähnlich der S-Funktion überlagert wird, um die Sprungantwort des Systems zu vermeiden. Das Antriebsdrehmoment wird unmittelbar auf die Antriebswelle aufgeprägt. Demgegenüber wird das Abtriebsdrehmoment an der Kardanwelle über den Vergleich zwischen Soll- und Istwerten und der vorliegenden Steifigkeit c_{ab} und Dämpfung k_{ab} berechnet.

In der oberen Zeile von Bild 4.17 sind die beiden Kraftkoppelemente GEARFORCE1D der beiden Getriebestufen aufgeführt, die die wichtigsten Teile des Simulationsmodells darstellen. Die Kraftkoppelelemente erhalten als Eingabegrößen in jedem Zeitschritt die kinematischen Zustandsgrößen (Drehwinkel und –geschwindigkeit) aus dem dynamischen Antriebsstrangmodell und geben die Anregungskräfte an dieses zurück. Die Anregungskräfte bestehen aus einem veränderlichen Zahnsteifigkeitsanteil und einem Dämpfungsanteil. Zur Berechnung des Zahnsteifigkeitsanteils wird über die Drehwinkel die gesamte Wälzabweichung $\Delta\varphi_z$ bestimmt, von der wälzstellungsabhängig die über ein Kennfeld bestimmte lastfreie Wälzabweichung $\Delta\varphi_{z,lf}$ subtrahiert wird. Daraus ergibt sich die lastbedingte Wälzabweichung $\Delta\varphi_{z,lb}$, die neben der Wälzposition in einer Teilung p_{Wst} als Eingangsgröße für die Interpolation im Steifigkeitskennfeld aus der quasistatischen Anregungsberechnung und damit zur Bestimmung des Steifigkeitsmoments $M_{zi,f}$ dient. Zur Ermittlung der Kennfelder werden 31 Wälzstellungen und 65 Drehmomentstufen zwischen $M = 0\ Nm$ und dem doppelten, maximalen Prüfdrehmoment der jeweiligen Stufe berechnet. Dadurch kann einerseits eine Berücksichtigung der nichtlinearen Anregungseffekte garantiert werden, und andererseits werden auch dynamisch bedingte Lastüberhöhungen vom Kennfeld abgebildet. Darüber hinaus wird der Dämpfungsanteil $M_{zi,D}$ über einen geschwindigkeitsproportionalen Ansatz einbezogen.

Das Kraftkoppelelement der zweiten Getriebestufe muss zur Einbindung in ein zweistufiges Simulationsmodell um die Phasenverschiebung Δp erweitert werden, vgl. Bild 4.17 oben rechts. Dazu wird die Teilungsposition auf Basis des Drehwinkels φ_{z4} bestimmt und anschließend um die Phasenverschiebung nach Gleichung (4-12) korrigiert.

4.3.3 Validierung des rotatorischen Mehrkörpersimulationsmodells

Validation of the Rotational Multibody Simulation Model

Die Validierung des rotatorischen Simulationsmodells zum dynamischen Anregungsverhalten wird anhand des Drehzahlhochlaufs bei einem Antriebsdrehmoment von $M_{an} = 300\ Nm$ durchgeführt. Drehzahlhochlauf und Drehmoment werden idealisiert aufgeprägt. Die Kennfelder für beide Kraftkoppelelemente werden auf Basis des validierten Berechnungsmodells des quasistatischen Anregungsverhaltens aus Bild 4.9 mit 31 Wälzstellungen erstellt. Die somit berechneten Differenzgeschwindigkeiten (dunkelblau) der beiden Getriebestufen werden in **Bild 4.18** den gemessenen Verläufen (hellblau) gegenübergestellt. Dabei werden analog zu den bereits vorgestellten Analysen sowohl frequenzbezogene (obere Bildzeile) als auch ordnungsbezogene (untere Bildzeile) Analysen verglichen. Im gemittelten Frequenzspektren der ersten Stufe kann der experimentelle Verlauf sehr gut durch die Simulation abgebildet werden. Das betrifft ebenfalls die Eigenfrequenzen mit dem höchsten Anregungspegel bei $f = 700\ Hz$ und $f = 1050\ Hz$. Ebenfalls wird der akustisch relevante Frequenzbereich betragsmäßig von der Simulation vorhergesagt.

Gleiche Tendenzen zeigen sich bei der Analyse des gemittelten Frequenzspektrums der zweiten Stufe, wo berechnete und gemessene Differenzgeschwindigkeit zwischen $f = 300\ Hz$ und $f = 5000\ Hz$ nahezu gleiche Verläufe aufweisen, vgl. Bild 4.18 oben rechts. Im niedrigen Frequenzbereich unterhalb $f = 300\ Hz$ treten an beiden Getriebestufen Abweichungen zwischen Messung und Simulation auf. Diese liegen in der Abbildung der Verzahnungsanregung begründet. In den vom Simulationsmodell verwendeten Kennfeldern werden nur mit Zahneingriffsfrequenz und deren Harmonischen auftretende Anregungseffekte abgebildet. Niederfrequente, langwellige

Anregungen wie Rundlauf- und Teilungsfehler sowie Taumelabweichungen werden nicht berücksichtigt und können daher nicht zur Anregung im Frequenzbereich beitragen.

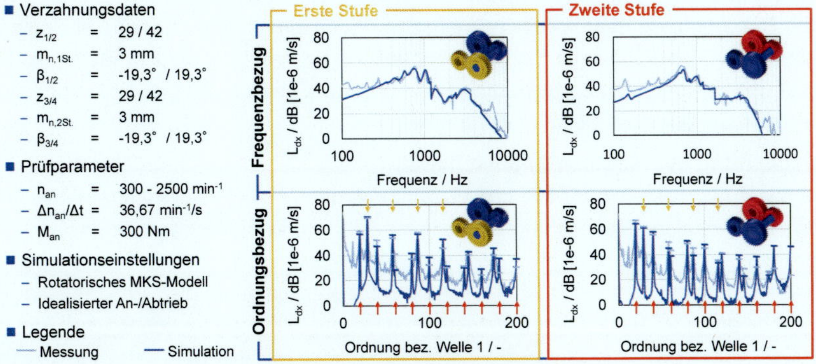

Bild 4.18: Validierung des dynamischen Anregungsverhaltens

Validation of the Dynamic Excitation Behavior

Dieser Effekt kann durch die Betrachtung der gemittelten Ordnungsspektren der beiden Getriebestufen im unteren Teil von Bild 4.18 verdeutlicht werden. Die Zahneingriffsordnung der ersten Stufe und deren Harmonischen sind orange und die der zweiten Stufe rot markiert. Dabei zeigt sich, dass aufgrund der Vernachlässigung der langwelligen Anregungseffekte in der Simulation bei den niedrigen Ordnungen im Bereich der Drehordnung sowie zwischen den Verzahnungsordnungen geringere Anregungspegel als in der Messung vorliegen. Demgegenüber werden im gemittelten Ordnungsspektrum der ersten Stufe vor allem die ersten drei Verzahnungsordnungen betragsmäßig von der Simulation abgebildet. Dabei weisen die Ordnungen der ersten Stufe höhere Amplituden als die Ordnungen der zweiten Stufe auf. Dieser Effekt kehrt sich im Ordnungsspektrum der zweiten Stufe um. Hier weisen die Ordnungen der zweiten Stufe höhere Amplituden auf, was durch den jeweiligen geringeren Transferpfad zwischen Anregungsort und Messstelle plausibel erscheint. Beim Vergleich zwischen gemessenen und berechneten Verläufen liegen ebenfalls hohe Übereinstimmungen vor.

Zusammenfassend lässt sich festhalten, dass das rotatorische Mehrkörpersimulationsmodell das dynamische Anregungsverhalten von zweistufigen Getrieben abbilden kann. Auch unter Vernachlässigung langwelliger Anregungsanteile kann das Anregungsverhalten im akustisch relevanten Frequenzbereich von der Simulation realitätsgetreu berechnet werden. Dabei können sowohl Eigenfrequenzen des Antriebsstrangs als auch dominante Verzahnungsordnungen identifiziert werden.

4.3.4 Räumliches Mehrkörpersimulationsmodell zur Anregungsberechnung

Spatial Multibody Simulation Model for Excitation Calculation

Der Aufbau des räumlichen Mehrkörpersimulationsmodells wird mit dem Programm SIMPACK der Firma Dassault Systèmes durchgeführt. Die Wellenbaugruppen werden als flexible Körper mit sechs Freiheitsgraden modelliert. Deren modalen Eigenschaften werden vor der Integration in das MKS-Modell anhand von experimentellen und rechnerischen Modalanalysen sowohl an den Wellen als Hauptkomponente der Baugruppen als auch im montierten Zustand der Wellenbaugruppen bestimmt. Die rechnerische Beschreibung des modalen Eigenschwingverhaltens wird in der FEM-Software ABAQUS der Firma Dassault Systèmes modelliert. Nachfolgend wird zunächst die Bestimmung der modalen Eigenschaften und anschließend der Aufbau des räumlichen Mehrkörpersimulationsmodells beschrieben.

Bestimmung der modalen Eigenschaften

Für alle drei Wellen und für alle drei Wellenbaugruppen des Prototypengetriebes werden die modalen Eigenschaften bestimmt. Zur messtechnischen Erfassung des Schwingungsverhaltens werden Körperschallsensoren verwendet. Bei diesem Messverfahren nachteilig ist die Beeinflussung der Ergebnisse durch die Sensormasse und die Anbindung an den Prüfling, was jedoch durch die einfache Anwendbarkeit und die vergleichsweise geringeren Anschaffungskosten ausgeglichen wird. Prinzipbedingt erfolgt die messtechnische Auswertung, im Gegensatz zu ganzflächigen Analysen in der Simulation oder bei auf berührungslosen Messprinzipien basierenden Systemen wie dem Vibrometer, nur an den diskreten Sensorpositionen. Der messtechnische Aufbau ist in **Bild 4.19** beispielhaft für die Antriebswelle und die Antriebswellen-Baugruppe dargestellt. Die Prüflinge wurden anhand einer Augenschraube über ein elastisches Gummiseil freischwingend aufgehangen. Das regelmäßige Messgitter wird anhand des dargestellten Koordinatensystems definiert, das entlang der Längsachse in Ebenen mit je vier Sensoren unterteilt ist. Die x-Achse des Koordinatensystems liegt dabei normal zur Passfedernut. Die Diskretisierung resultiert in dem rot dargestellten Sensornetz aus der Auswertesoftware LMS TEST-LAB SPECTRAL TESTING der Firma Siemens, anhand dessen die Identifikation der Schwingungsformen erfolgt.

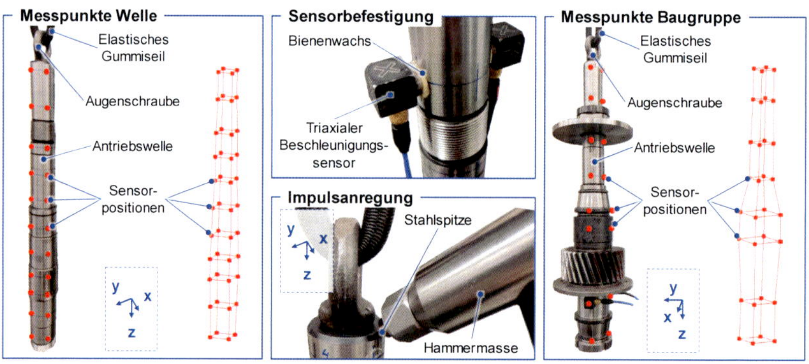

Bild 4.19: Messaufbau für die Modalanalysen
Measurement Setup for the Modal Analyses

Zur Messung werden zwei triaxiale Körperschallsensoren der Firma PCB vom Typ 356A16 verwendet, die während der Messung entsprechend dem Messgitter häufig versetzt werden müssen. Daher wird zur Sensorbefestigung Bienenwachs verwendet.

Die breitbandige, impulsartige Anregung erfolgt mit einem Impulshammer 9724A5000 der Firma Kistler. Die ausgewählte Stahlspitze (Typ 9902A) garantiert dabei eine Anregung über einen möglichst weiten Frequenzbereich. Als Anregungsort wird die 45°-Fase am oberen Wellenende ausgewählt, sodass stets eine Anregungskomponente in axiale z-Richtung zeigt. Aufgrund der bis auf die Passfedernut rotationssymmetrischen Wellen und der daraus resultierenden, betragsmäßigen Ähnlichkeit der Biegeeigenformen werden die Moden gezielt in zwei Richtungen angeregt. Einerseits erfolgt die Anregung in –x/+z-Richtung, bei der vornehmlich die Eigenformen um die y-Achse angeregt werden, und andererseits zur Charakterisierung der Eigenformen um die x-Achse in die +y/+z-Richtung. An jedem Messpunkt wird die Aufprägung der Anregung sechsmal wiederholt und die Ergebnisse gemittelt. Exemplarische Ergebnisse von Amplitude, Phase und Kohärenz sind im Anhang in Bild 9.2 für das Übertragungsverhalten in x-Richtung bei Anregung in x/z-Richtung zwischen der Anregung und Messstelle 17 aufgeführt. Die Kohärenz stellt dabei schon während der Messung ein Instrument zur Sicherstellung einer hohen Ergebnisgüte dar. Dabei fällt die Ergebnisgüte aufgrund des eingesetzten Messequipments über $f = 7000\ Hz$ ab.

Auf Basis dieses Vorgehens können die Nachgiebigkeitsfrequenzgänge der einzelnen Messpunkte in Summenfrequenzgänge in Abhängigkeit der Anregungsrichtung zusammengefasst werden, vgl. **Bild 4.20**. Die Peaks mit hoher Nachgiebigkeit stellen dabei die Eigenfrequenzen dar. Dabei kann eine hohe Übereinstimmung zwischen den beiden Schwingungsrichtungen für alle drei Wellen festgestellt werden. Aufgrund der nahezu rotationssymmetrischen Bauteile sind diese Ergebnisse plausibel. Das Schwingungsverhalten der Antriebswelle (Welle 1) und der Abtriebswelle (Welle 3) ist geprägt von einer hohen Ähnlichkeit, was in der gleichen Wellengeometrie begründet liegt. Dagegen werden die Eigenfrequenzen der längeren Verbindungswelle (Welle 2) durch die höhere Masse zu niedrigeren Frequenzen verschoben. Die Beschreibung der Eigenfrequenzen inklusive Lage, Schwingform (Biege-, Torsions- und Stauchmoden) und Dämpfungswert ist sowohl für die Wellen als auch für die Wellenbaugruppen im Anhang in Tabelle 9.1 bis Tabelle 9.4 aufgeführt.

Zum Abgleich des experimentellen Schwingungsverhaltens der Wellen und der Wellenbaugruppen werden in ABAQUS rechnerische Modalanalysen durchgeführt. Zur Auswertung der berechneten Eigenformen der Wellen werden die Knoten des FE-Gitters ausgewählt, die mit dem experimentellen Messgitter übereinstimmen. Die Lage der Eigenfrequenzen wird durch die Verwendung der auf Basis der Bauteilmasse bestimmten Dichte, des E-Moduls und der Querkontraktionszahl angepasst. Bei der Zusammensetzung der Baugruppenmodelle werden flexible Einzelbauteile verwendet, die zur Reduktion der Rechenzeit auf die Referenzknoten reduziert werden, die für die spätere Nutzung in SIMPACK benötigt werden. Die Verbindung der Einzelbauteile an den Referenzknoten erfolgt über Verbindungselemente (ABAQUS: Connectoren), die je nach Verbindungstyp starre, zylindrische oder räumliche Steifigkeitsparameter aufweisen. Die Identifikation der rechnerischen Schwingformen werden bei den Baugruppen folglich anhand dieser Referenzknoten durchgeführt und über Einstellung der Verbindungssteifigkeiten an die Messung angepasst.

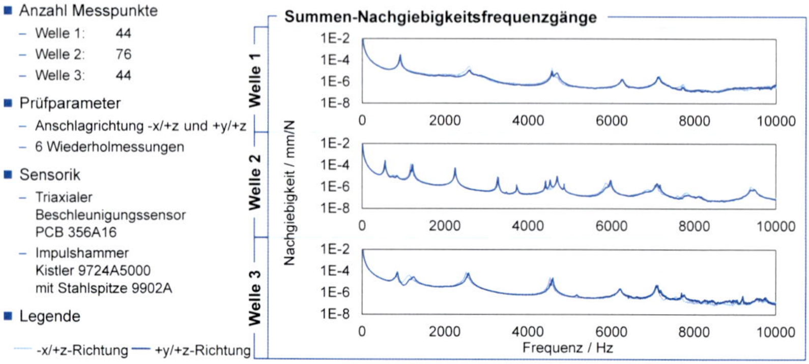

Bild 4.20: Nachgiebigkeitsfrequenzgänge der Wellen

Compliance Frequency Response of the Shafts

Der Vergleich zwischen gemessenen und berechneten Schwingformen ist am Beispiel der Verbindungswelle in **Bild 4.21** aufgeführt. Im oberen Bildteil sind die beiden Modenformen aus Messung und Simulation für die erste Biegemode um die x-Achse gegenübergestellt. Dabei werden die normierten Verlagerungen der in Hauptschwingungsrichtung applizierten Sensoren verglichen und es kann eine hohe Übereinstimmung festgestellt werden.

Die weitere, quantitative Bestimmung der Korrelation zwischen gemessenen und berechneten Schwingungsmoden erfolgt an den Einzelwellen anhand der MAC-Matrix (Modal Assurance Criterion). Die Werte der MAC-Matrix liegen zwischen $MAC(i,j) = 0$ und $MAC(i,j) = 1$, wobei der letztgenannte Wert eine komplette Übereinstimmung der beiden Moden anzeigt. Erfahrungsgemäß liegt in der Praxis bei einem Wert von $MAC(i,j) > 0{,}8$ eine hohe Korrelation vor. Demgegenüber ist bei $MAC(i,j) < 0{,}3$ keine Ähnlichkeit der Eigenformen festzustellen. [DRES14 S.157]

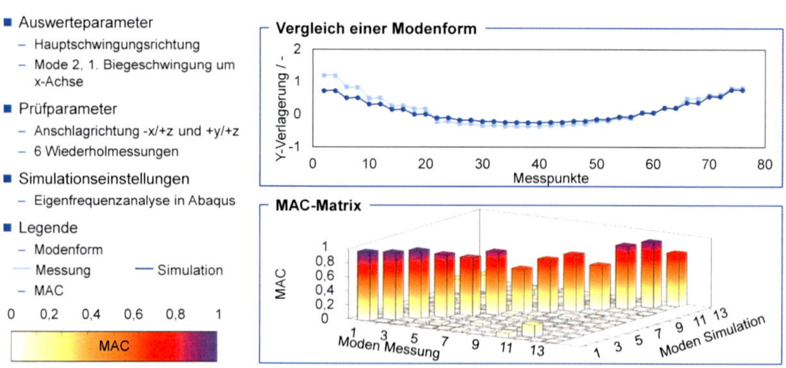

Bild 4.21: Vergleich der Eigenschwingformen der Verbindungswelle

Comparison of the Natural Modes of Vibration of the Connecting Shaft

Die MAC-Matrix der Verbindungswelle ist im unteren Teil von Bild 4.21 dargestellt. Die Basis der Auswertung stellen wiederum die in Hauptschwingungsrichtung applizierten Sensoren dar. Dabei zeigen die Biegemoden um Y (Y-I: 1, Y-II: 3, Y-III: 6) und um X (X-I: 2, X-II: 4, X-III: 5, X-V: 11) sowie die erste Torsionsmode (T-I: 9) und die erste Stauchmode (S-I: 12) eine gute Übereinstimmung, was durch MAC-Werte von $MAC(i,j) > 0{,}8$ angezeigt wird. Die weiteren berechneten Eigenformen (Y-IV: 7, Y-V: 10, X-IV: 8, T-II: 13) nähern die gemessene Eigenform ebenfalls an, wobei der MAC-Wert mit Werten von $MAC(i,j) > 0{,}6$ leicht reduziert ist. Der Vergleich der Eigenformen zwischen Messung und Simulation für die An- und Abtriebswelle anhand der MAC-Matrizen ist in Bild 9.3 im Anhang aufgeführt. Die Übereinstimmung bei den Biege- und Stauchmoden ist ebenfalls gut. Dagegen liegt keine Korrelation bei den Torsionsmoden (T-I: 7, T-II: 11) vor, was durch die geringen Schwingungsamplituden in der tangentialen Hauptschwingungsrichtung der Messung infolge des geringeren Wellendurchmessers als bei der Verbindungswelle erklärt werden kann.

Neben dem Vergleich in der Ausprägung der Eigenformen wird in **Bild 4.22** die Lage der Eigenfrequenzen in Messung und Simulation verglichen. Dabei werden die aus der Literatur bestimmten Startwerte der Dichte, des E-Moduls und der Querkontraktionszahl durch die gemessene Bauteilmasse und den Vergleich zwischen gemessenen und berechneten Eigenfrequenzen für jede Welle feinjustiert. Der darauf basierende Vergleich ist in der oberen Bildzeile für die drei Wellen dargestellt. Eingezeichnet ist das 5 %-Streuband um die Winkelhalbierende, in der fast alle Eigenfrequenzen der drei Wellen liegen.

Der Vergleich zwischen berechneten und gemessenen Eigenfrequenzen bei den Wellenbaugruppen ist in der unteren Bildzeile aufgeführt. Zur Anpassung der berechneten Eigenfrequenzen und Eigenformen werden die Kontaktsteifigkeiten zwischen den Einzelkomponenten der Baugruppe anhand der Messergebnisse angepasst. Dadurch liegt auch hier die Abweichung zwischen Messung und Simulation für fast alle Eigenfrequenzen der drei Baugruppen innerhalb des 5 %-Streubands.

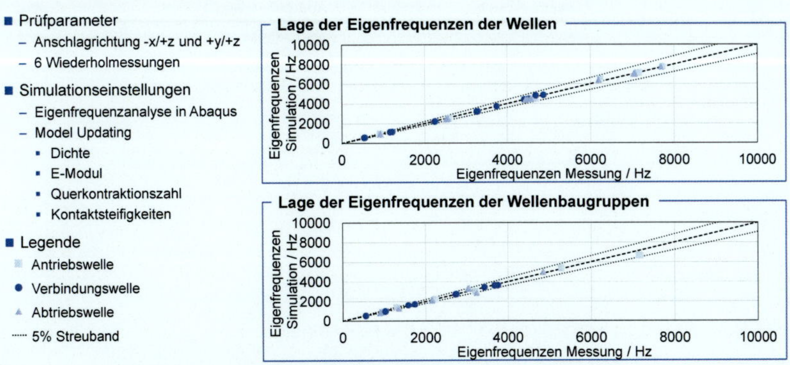

Bild 4.22: Vergleich der Lage der Eigenfrequenzen

Comparison of the Position of the Natural Frequencies

Daraus lässt sich ableiten, dass die flexiblen FEM-Modelle der Wellen und der Wellenbaugruppen das gemessene Eigenschwingverhalten hinsichtlich Lage der Eigenfrequenzen sowie Ausprägung der Eigenschwingformen gut abbilden. Die validierten Baugruppenmodelle werden im Folgenden in das räumliche Mehrkörpersimulationsmodell integriert.

Aufbau des räumlichen Mehrkörpersimulationsmodells

Die validierten Modelle der Baugruppen der drei Wellen bilden die Grundlage für das Mehrkörpersimulationsmodell in SIMPACK, vgl. **Bild 4.23**. Die modal reduzierten Substrukturen werden für jede Welle als linear flexible Körper eingelesen. Über Joints wird die Bewegung in allen sechs Raumrichtungen freigegeben. Anschließend werden die in der Messung ermittelten Eigenschwingungen aktiviert und deren Dämpfungen aus Tabelle 9.3 und Tabelle 9.4 eingetragen. Zusätzlich werden die von SIMPACK zusätzlich aufgrund der Einbauposition und der umgebenden Force Elements berechneten Moden (Inertia Relief Modes) aktiviert und die während der Modalmessungen nicht einbezogenen Drehzahlmesssysteme und Drehbeschleunigungsmesssysteme über Zusatzmassen einbezogen.

Die Modellierung des Steifigkeitsverhaltens der Wälzlagerung erfolgt über die in SIMPACK integrierte Schnittstelle BEARINX MAP der Firma Schaeffler, die speziell zur Abbildung von Lagern in der Dynamiksimulation entwickelt wurde [TIET12]. Dazu wurden von Schaeffler Kennfelder vorberechnet, die für die Simulation als Eingabedaten dienen. Neben der Lagerbezeichnung werden die Einbaurichtung und der Wert des möglichen Lagerspiels benötigt. Die Lagerdämpfung wird über parallel zu den BEARINX MAP Force Elementen geschaltete Bushing-Elemente in translatorischer und rotatorischer Richtung (außer Torsion) realisiert. Ausgehend von den Erkenntnissen von WECK ET AL. werden die Dämpfungswerte an die Messdaten angepasst [WECK79 S.66].

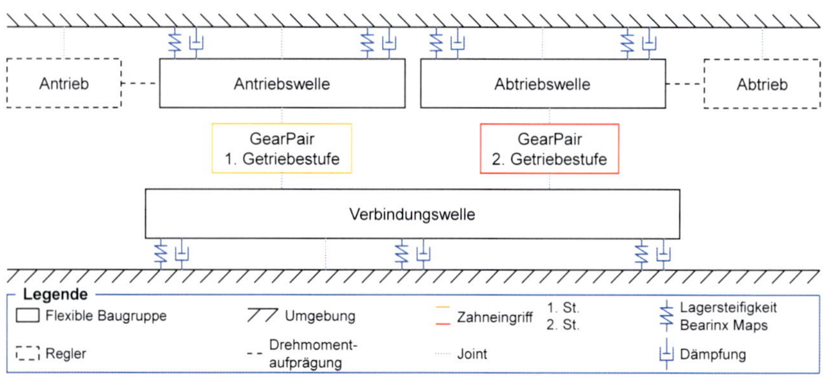

Bild 4.23: Wirkungsplan des räumlichen Simulationsmodells
Signal Flow Diagram of the Spatial Simulation Model

Zur Modellierung der beiden Getriebestufen wird das SIMPACK interne GearPair verwendet, das auf einen analytischen Kontaktansatz zurückgreift [SIMP20]. Die für die

Definition des Eingriffes benötigten Zahnradkörper werden über die makrogeometrischen Zahnradparameter definiert und über einen Joint starr an die Wellenbaugruppe gefesselt. Dabei werden die Zahnradkörper masselos vorgesehen, um eine Doppelberücksichtigung der Zahnradmasse in der Baugruppe und in dem Zahnradkörper zur Kontaktberechnung zu vermeiden. Auf Basis der Zahnradgeometrie wird die analytische Berechnung des Einsatzverhaltens realisiert, bei der die Verzahnungssteifigkeit über den Ansatz nach DIN 3990 Methode B einbezogen wird. Außerdem werden die Verzahnungsdämpfung über einen steifigkeitsproportionalen Ansatz und ein vereinfachter Reibansatz berücksichtigt. Zur Einbeziehung von Wellenverlagerungen werden die Zahnräder in 15 Scheiben unterteilt.

Die An- und Abtriebsregelung prägt am Flansch der An- und Abtriebswelle die Drehmomente auf, die sowohl auf Basis des jeweiligen Lastmoments sowie des Beschleunigungsmoments resultierend aus den analog gewählten Parametern wie bei der Messung bestimmt werden. Um die Vergleichbarkeit zu den experimentellen Ergebnissen zu gewährleisten, wird die Differenzgeschwindigkeit an der Messstelle der Drehbeschleunigungsmesssysteme ausgewertet.

4.3.5 Validierung des räumlichen Mehrkörpersimulationsmodells

Validation of the Spatial Multibody Simulation Model

Die Validierung der mit dem räumlichen Mehrkörpersimulationsmodell berechneten Differenzgeschwindigkeiten erfolgt analog zur Vorgehensweise in Abschnitt 4.3.3 anhand des dynamischen Drehzahlhochlaufs mit dem Referenzaufbau bei einem Antriebsdrehmoment von $M_{an} = 300\ Nm$. Im gemittelten Frequenzspektrum der ersten Stufe, siehe **Bild 4.24** Mitte oben, liegt eine hohe Übereinstimmung zwischen Messung und Simulation vor. Bei der zweiten Stufe trifft die Vorhersage der Differenzgeschwindigkeit besonders im akustisch relevanten Frequenzbereich zwischen $f = 1000\ Hz$ und $f = 5000\ Hz$ die gemessenen Verläufe. Im darunterliegenden Frequenzbereich wird das Anregungsverhalten von der Simulation leicht überschätzt, wobei die Eigenfrequenz bei $f = 300\ Hz$ in der Simulation nicht hervortritt.

Die frequenzbezogene Analyse wird im unteren Teil von Bild 4.24 um eine ordnungsbezogene Auswertung ergänzt. Im Ordnungsspektrum der ersten Stufe liegt ebenfalls eine hohe Übereinstimmung für die Verzahnungsordnungen der ersten (orange markiert) und zweiten Stufe (rot markiert) vor. Ebenfalls werden die Bereiche zwischen den Verzahnungsordnungen durch den höheren Detailgrad in der Modellierung im Vergleich zum rotatorischen MKS-Modell von der Simulation abgebildet. Ähnliche Tendenzen treten im Ordnungsspektrum der zweiten Stufe hervor. Die Verzahnungsordnungen der beiden Getriebestufen dominieren das Anregungsspektrum, wobei auch zwischen diesen Ordnungen relevante Anregungspegel vorliegen.

Die vorgestellte Modellierungsmethode zum Aufbau räumlicher MKS-Modelle ist folglich in der Lage, das dynamische Anregungsverhalten von zweistufigen Getrieben vorherzusagen. Dabei können einerseits kritische Eigenfrequenzen identifiziert werden. Andererseits können sowohl Überhöhungen in den Verzahnungsordnungen der beiden Getriebestufen als auch in den dazwischenliegenden Bereichen analysiert werden.

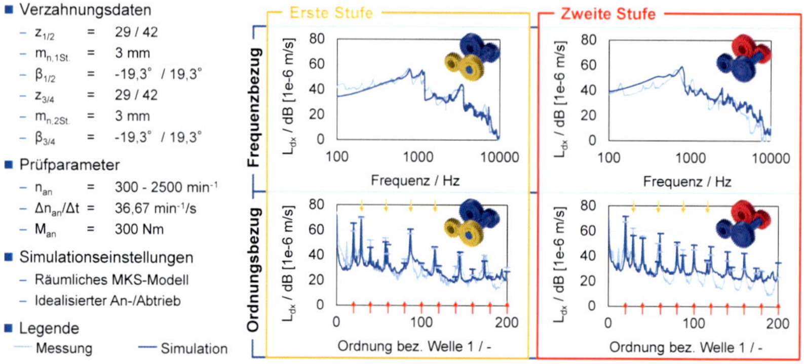

Bild 4.24: Validierung des dynamischen Anregungsverhaltens
Validation of the Dynamic Excitation Behavior

4.3.6 Zwischenfazit

Interim Conclusion

In Teilziel 1 wird die Entwicklung einer validierten Berechnungskette für das dynamische Anregungs- und Geräuschverhalten von zweistufigen Getrieben gefordert. Für den Teilschritt des dynamischen Anregungsverhaltens konnten sowohl das rotatorische als auch das räumliche Mehrkörpersimulationsmodell anhand der experimentellen Messdaten validiert werden. Beide Modelle weisen für die dominierenden Verzahnungsordnungen keine eklatanten Unterschiede in der Vorhersagequalität für den gezeigten Anwendungsfall auf, sodass von einer vergleichbaren Güte der Berechnungsmodelle ausgegangen werden kann. Aufgrund des höheren Detaillierungsgrads beim räumlichen Simulationsmodell treten jedoch dort deutlich höhere Rechenzeiten als für das Drehschwingungsmodell auf. Daher wird im Hinblick auf die Erreichung von Teilziel 3, die Integration dynamischer Anregungseffekte in den Auslegungsprozess von Verzahnungen, das rotatorische MKS-Modell für die weiteren Modellentwicklungen und Anwendungen ausgewählt, um die Simulationszeit für den späteren Auslegungsprozess reduzieren zu können.

4.4 Analyse des dynamischen Geräuschverhaltens

Analysis of the Dynamic Noise Behavior

Entsprechend der Geräuschentstehungskette stellt der auf Basis der Anregung in den Zahneingriffen von der Getriebeoberfläche abgestrahlte Luftschall das dynamische Geräuschverhalten dar. Im Folgenden wird zunächst die Berechnungskette um ein Berechnungsmodell zur Vorhersage des Luftschalls ergänzt. Anschließend wird die Validierung anhand der gemessenen Luftschallverläufe auf Basis konventioneller Pegelbewertungen im Frequenz- und Ordnungsbereich durchgeführt. Darüber hinaus wird die menschliche Geräuschwahrnehmung im letzten Schritt über die psychoakustischen Metriken analysiert.

4.4.1 Modell zur Geräuschvorhersage

Model for Noise Prediction

Das Ziel des folgenden Abschnitts liegt einerseits in der mathematischen Formulierung des Übertragungsverhaltens zwischen Verzahnungsanregung und emittiertem Luftschall sowie andererseits in der Aufteilung des Gesamtluftschalls in verzahnungsab- und -unabhängige Geräuschanteile. Zur Beschreibung des Zusammenhangs wird auf einen signaltheoretischen Ansatz zurückgegriffen, für dessen Anwendung das Übertragungsverhalten als zeitinvariantes, lineares System angenommen wird [BEND10 S.207ff]. Auf Basis dessen ergibt sich nach Gleichung (4-13) ein Berechnungsmodell, mit dem das Getriebegeräusch eines bestehenden Getriebes synthetisiert werden kann.

$$Y_{LS}(f) = H_{1.St}(f) \cdot X_{1.St}(f) + H_2(f) \cdot X_{2.St}(f) + X_{Rest}(f) \tag{4-13}$$

$Y_{LS}(f)$	[Pa]	Luftschall	$H_{i.St}(f)$	[Pa/(m/s)]	Übertragungsfunktion Stufe i
$X_{i.St}(f)$	[m/s]	Differenzgeschwindigkeit Stufe i	$X_{Rest}(f)$	[Pa]	Verzahnungsunabhängiges Restgeräusch

Der Ablauf zur Bestimmung der Übertragungsfunktionen und zur Geräuschvorhersage ist in **Bild 4.25** dargestellt. Zunächst werden die gemessenen Verläufe der Differenzgeschwindigkeiten von beiden Stufen und der aufgenommene Luftschall an einem Mikrofon in den Frequenzbereich transformiert.

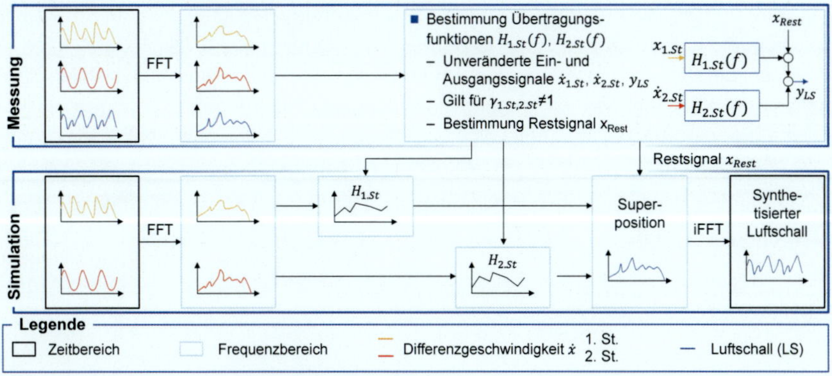

Bild 4.25: Modell zur Luftschallsynthese

Airborne Noise Synthesis Model

Mithilfe der signaltheoretischen Gleichungen (4-14) und (4-15) können die Übertragungsfunktionen $H_{1.St}$ und $H_{2.St}$ für ein System mit zwei Eingängen und einem Ausgang ermittelt werden. Neben verschiedenen Auto ($G_{AA}(f)$)- und Kreuzleistungsspektren $G_{AB}(f)$ wird die Kohärenzfunktion $\gamma_{12}(f)$ nach Gleichung (4-16) verwendet. Dabei muss die Bedingung $\gamma_{12}(f) \neq 1$ erfüllt sein, was eine lineare Abhängigkeit zwischen den beiden Differenzgeschwindigkeiten bedeuten würde [BEND10 S.208]. Aus den Ein- und Ausgangssignalen sowie den ermittelten Übertragungsfunktionen wird das verzahnungsunabhängige Restgeräusch x_{Rest} bestimmt.

$$H_{1.St}(f) = \frac{G_{1y}(f) \cdot \left[1 - \frac{G_{12}(f) \cdot G_{2y}(f)}{G_{22}(f) \cdot G_{1y}(f)}\right]}{G_{11}(f) \cdot [1 - \gamma_{12}^2(f)]} \tag{4-14}$$

$$H_{2.St}(f) = \frac{G_{2y}(f) \cdot \left[1 - \frac{G_{21}(f) \cdot G_{1y}(f)}{G_{11}(f) \cdot G_{2y}(f)}\right]}{G_{22}(f) \cdot [1 - \gamma_{12}^2(f)]} \tag{4-15}$$

$$\gamma_{12}^2(f) = \frac{|G_{12}(f)|^2}{G_{11}(f) \cdot G_{22}(f)} \tag{4-16}$$

$H_{i.St}(f)$	[Pa/(m/s)]	Übertragungsfunktion Stufe i	$G_{AB}(f)$	[-]	Kreuzleistungsspektrum zwischen A(t) und B(t)
$G_{AA}(f)$	[-]	Autoleistungsspektrum von A(t)	$\gamma_{12}(f)$	[-]	Kohärenzfunktion zwischen den Eingängen

Die Basis für die Simulationsseite bilden ebenfalls Differenzgeschwindigkeitssignale. Nach der Transformation in den Frequenzbereich werden die aus dem Experiment ermittelten Übertragungsfunktionen auf die Eingangssignale angewendet. Die Anteile der beiden Getriebestufen werden schließlich mit dem Restsignal entsprechend Gleichung (4-13) superponiert und in den Zeitbereich zurücktransformiert.

Zur Analyse des Einflusses der Anregungen der beiden Getriebestufen sowie von Störsignalen auf die Zusammensetzung des Gesamtgeräuschs eignet sich die Kohärenzfunktion, die den Zusammenhang zwischen zwei Signalen quantifiziert. Dabei kann je Frequenzbereich identifiziert werden, ob entweder eine Stufe den abgestrahlten Luftschall dominiert oder das verzahnungsunabhängige Fremdgeräusch maßgeblich beiträgt. Eine vollständige Abhängigkeit eines Eingangs i auf den Luftschall y wird durch eine Kohärenzfunktion von $\gamma_{iy}^2(f) = 1$ definiert. Demgegenüber liegt bei $\gamma_{iy}^2(f) = 0$ keine Abhängigkeit zwischen den Signalen vor. Der Einfluss der ersten Stufe wird über Gleichung (4-17) und der Einfluss der zweiten Stufen über Gleichung (4-18) bestimmt.

$$\gamma_{1y}^2(f) = \frac{|H_{1.St}(f) \cdot G_{11}(f) + H_{2.St}(f) \cdot G_{12}(f)|^2}{G_{11}(f) \cdot G_{yy}(f)} \tag{4-17}$$

$$\gamma_{2y}^2(f) = \frac{|H_{1.St}(f) \cdot G_{21}(f) + H_{2.St}(f) \cdot G_{22}(f)|^2}{G_{22}(f) \cdot G_{yy}(f)} \tag{4-18}$$

$\gamma_{iy}(f)$	[-]	Kohärenzfunktion zw. Eingang Stufe i und Luftschall	$H_{i.St}(f)$	[Pa/(m/s)]	Übertragungsfunktion Stufe i
$G_{AA}(f)$	[-]	Autoleistungsspektrum von A(t)	$G_{AB}(f)$	[-]	Kreuzleistungsspektrum zwischen A(t) und B(t)

Damit kann über die Kohärenz einerseits eine Angabe gemacht werden, welche Stufe das Geräuschverhalten maßgeblich beeinflusst. Andererseits können Frequenzbereiche identifiziert werden, in denen die Geräuschzusammensetzung von verzahnungsunabhängigen Komponenten dominiert wird.

4.4.2 Validierung mittels experimenteller Ergebnisse

Validation by means of Experimental Results

Das vorgestellte Geräuschvorhersagemodell wird im Folgenden zunächst auf Basis der experimentellen Ergebnisse parametriert. Das umfasst zum einen die Ermittlung der Übertragungsfunktionen und zum anderen die Bestimmung des verzahnungsunabhängigen Fremdgeräuschs. Anschließend wird anhand des Vergleichs zwischen synthetisiertem Getriebegeräusch und dem gemessenen Luftschall das Synthesemodell validiert.

Ermittlung der Modellparameter

Zur Validierung des Geräuschvorhersagemodells wird derselbe Betriebspunkt der experimentellen Ergebnisse bei $M_{an} = 300\ Nm$ verwendet, auf dem die Analysen des dynamischen Anregungsverhaltens in Abschnitt 4.3.3 basieren. Die entsprechenden Verläufe der beiden Differenzgeschwindigkeiten als Eingangssignale und des Luftschalls am Mikrofon 1 direkt über dem Prüfgetriebe, vgl. Bild 4.4, als Ausgangssignal sind in der oberen Zeile von **Bild 4.26** als gemitteltes Frequenzspektrum dargestellt. In den Frequenzspektren der Differenzgeschwindigkeit auftretende Eigenfrequenzen wie im Frequenzband zwischen $f = 700\ Hz$ und $f = 800\ Hz$ führen auch im Luftschall zu einer erhöhten Schwingungsanregung. Darüber hinaus treten wie bei $f = 1100\ Hz$ weitere Schwingungsüberhöhungen auf, die durch die frequenzabhängigen Eigenschaften des Transferpfades zwischen den Geräuschquellen in den Zahneingriffen und dem Empfänger am Luftschallmikrofon begründet sind.

- Verzahnungsdaten
  - $z_{1/2}$ = 29 / 42
  - $m_{n,1St.}$ = 3 mm
  - $\beta_{1/2}$ = -19,3° / 19,3°
  - $z_{3/4}$ = 29 / 42
  - $m_{n,2St.}$ = 3 mm
  - $\beta_{3/4}$ = -19,3° / 19,3°
- Prüfparameter
  - n_{an} = 300 - 2500 min⁻¹
  - $\Delta n_{an}/\Delta t$ = 36,67 min⁻¹/s
  - M_{an} = 300 Nm
- Legende
  - Erste Stufe
  - Zweite Stufe
  - Luftschall Mikrofon 1

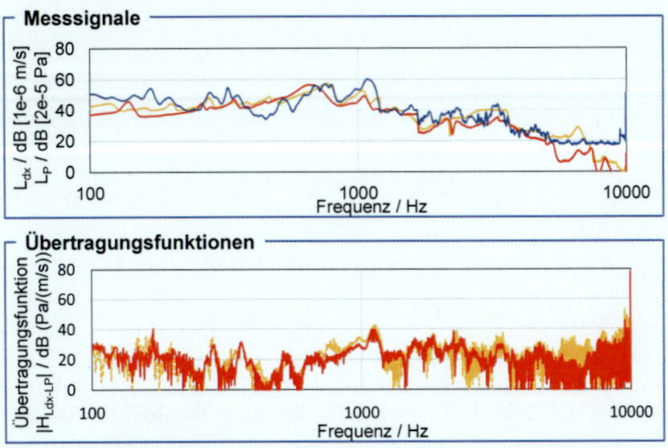

Bild 4.26: Übertragungsverhalten am Prüfgetriebe

Transfer Path Behavior on the Test Gearbox

Die Beschreibung des Transferpfades über die Übertragungsfunktionen der ersten Stufe nach Gleichung (4-14) und der zweiten Stufe nach Gleichung (4-15) ist im unteren Teil von Bild 4.26 aufgeführt. Die Beträge der beiden Übertragungsfunktionen weisen ähnliche Verläufe auf. Die bereits im Luftschall festgestellte Anregungserhöhung bei $f = 1100\,Hz$ wird in beiden Übertragungsfunktionen bestätigt. Darüber treten im gesamten akustisch relevanten Frequenzbereich zwischen $f = 1\,kHz$ und $f = 5\,kHz$ weitere stark übertragende Bereiche auf. Die Anregungen aus dem Zahneingriff werden folglich in den Luftschall übertragen, was mit den vergleichbaren Pegeln der Differenzgeschwindigkeiten und des resultierenden Luftschalls im oberen Bildteil übereinstimmt.

Die Analyse der Übertragungsfunktion lässt jedoch keinen Schluss auf die Ursache des resultierenden Luftschalls zu. Daher wird in **Bild 4.27** die Kohärenz zwischen den Eingangssignalen und dem Ausgangssignal nach den Gleichungen (4-17) und (4-18) sowie der Anteil der verzahnungsunabhängigen Geräuschanteile am Gesamtgeräusch untersucht. Dabei zeigt sich, dass erst ab einer Frequenz von $f = 600\,Hz$ das Getriebegeräusch von der Verzahnungsanregung abhängig ist. Ab dieser Frequenz steigt die Kohärenz von beiden Getriebestufen über den gesamten akustisch relevanten Frequenzbereich an. Erst ab $f = 7000\,Hz$ an der ersten Stufe und ab $f = 5000\,Hz$ an der zweiten Stufe sinkt der verzahnungsbedingte Einfluss wieder ab. Beim Vergleich der beiden Kohärenzfunktionen liegen zwischen $f = 850\,Hz$ und $f = 1100\,Hz$ ähnliche Größenordnungen vor. Im darüber liegenden akustisch relevanten Frequenzbereich fällt der dominierende Anteil der schneller drehenden ersten Stufe auf. Das betrifft vor allem Frequenzbereiche zwischen $f = 1300\,Hz$ und $f = 1400\,Hz$, bei dem Kohärenzwerte über $\gamma_{1y}^2 > 0{,}6$ auftreten. Außerdem dominiert die erste Stufe das Gesamtgeräusch maßgebend zwischen $f = 2400\,Hz$ und $f = 3400\,Hz$, bei dem Kohärenzwerte über $\gamma_{1y}^2 > 0{,}9$ die besondere Bedeutung der schnelldrehenden Stufe unterstreichen.

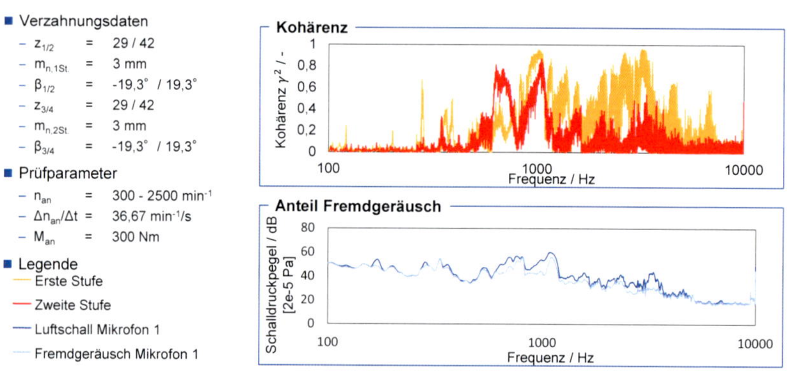

Bild 4.27: Analyse der verzahnungsab- und -unabhängigen Geräuschanteile
Analysis of the Gear-Dependent and -Independent Noise Components

Mit der Kohärenz kann der verzahnungsabhängige Geräuschanteil auf die Anregung der beiden Getriebestufen aufgeteilt werden. Darüber hinaus steht die Kohärenz in direktem Zusammenhang mit dem verzahnungsunabhängigem Fremdgeräusch, das in der unteren Zeile von Bild 4.27 mit dem Gesamtluftschall an Mikrofon 1 verglichen wird. Dabei treten analog zu den Erkenntnissen zur Kohärenz unterhalb $f = 600\ Hz$ und oberhalb $f = 5000\ Hz$ keine Unterschiede zwischen den beiden Signalen auf. Unterschiede sind innerhalb dieses Frequenzbereiches erkennbar, in dem auch die Kohärenzfunktionen der beiden Stufen hohe Werte aufweisen.

Daraus lässt sich schlussfolgern, dass die verzahnungsabhängige Anregung maßgeblich den akustisch relevanten Frequenzbereich beeinflusst und nicht durch das frequenzabhängige Übertragungsverhalten des Prüfgetriebes an Bedeutung verliert. Eine optimierte Verzahnungsanregung bietet folglich das Potenzial, den Luftschall im relevanten Bereich zu reduzieren und zur Lästigkeitsreduktion beizutragen.

Validierung

Die Luftschallsynthese nach Gleichung (4-13) wird mit den anhand des rotatorischen MKS-Modells berechneten Differenzgeschwindigkeiten der beiden Getriebestufen aus Bild 4.18 als Eingangsgrößen angewendet. Die Ergebnisse des synthetisierten Luftschalls sind in **Bild 4.28** als gemitteltes Frequenzspektrum und gemitteltes Ordnungsspektrum dargestellt und werden mit den experimentellen Daten verglichen. Der Fokus der Auswertungen im weiteren Verlauf dieser Arbeit liegt dabei stets auf dem zentral über dem Prüfgetriebe befestigten Mikrofon 1. Darüber hinaus wird die Anwendbarkeit des Synthesemodells anhand des Luftschalls an Mikrofon 2 nachgewiesen, vgl. Bild 4.4.

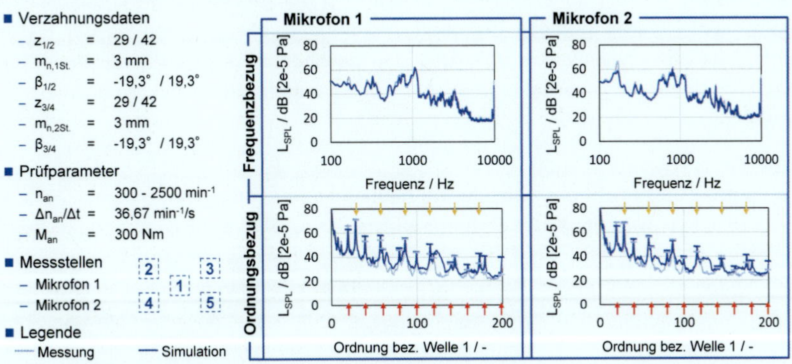

Bild 4.28: Validierung des dynamischen Geräuschverhaltens

Validation of the Dynamic Noise Behavior

Der Vergleich zwischen Simulation und Experiment liefert für Mikrofon 1 über den kompletten Frequenzbereich eine sehr hohe Übereinstimmung. Markante Eigenfrequenzen im Luftschallspektrum liegen zwischen $f = 700\ Hz$ und $f = 800\ Hz$ sowie bei $f = 1100\ Hz$. Mit Blick auf das Ordnungsspektrum liegt ebenfalls eine sehr hohe Übereinstimmung zwischen Messung und Simulation vor. Durch das berücksichtigte Fremdgeräusch, das nicht durch die Zahneingriffe verursacht wird, werden auch die Bereiche zwischen den Zahneingriffsordnungen pegelrichtig getroffen. Die Luftschallprognose an der Messstelle von Mikrofon 2 ist ebenfalls in der Lage, das experimentelle Geräuschverhalten sowohl frequenz- als auch ordnungsbezogen abzubilden.

Dabei zeigen sich in Bezug auf das veränderte Übertragungsverhalten zwischen Anregung und der Luftschallmessposition leichte Verschiebungen in den Schalldruckpegeln im Vergleich zu Mikrofon 1, jedoch bleiben die charakteristischen Frequenzbänder identisch.

Somit liegt eine sehr hohe Übereinstimmung für beide Messstellen zwischen gemessenem und synthetisiertem Luftschall vor. Mit der entwickelten Simulationskette bestehend aus rotatorischem Mehrkörpersimulationsmodell mit anschließender Luftschallsynthese unter Einbeziehung des experimentellen Übertragungsverhaltens kann das Anregungs- und Geräuschverhalten von zweistufigen Getrieben vorhergesagt werden.

4.4.3 Analyse des gehörbezogenen Geräuschverhaltens

Analysis of the Hearing-Related Noise Behavior

Neben der allein auf Schalldruckpegeln basierenden Analyse des Luftschalls erweitert die gehörbezogene Auswertung den Analysebereich um die menschliche Geräuschwahrnehmung. Zur Quantifizierung dieser Wahrnehmung und zur formelmäßigen Beschreibung der damit einhergehenden, komplexen Signalverarbeitung im menschlichen Ohr eignen sich die psychoakustischen Metriken. Dabei wurden die Lautheit, die Schärfe, die Tonhaltigkeit und die Rauigkeit in der Literatur als relevante Metriken mit Einfluss auf die Lästigkeit identifiziert [PANN08, CARL14, ELLE16]. Im Folgenden wird daher einerseits die Ausprägung der genannten psychoakustischen Größen am Referenzgetriebe diskutiert und andererseits die Eignung der Berechnungskette hinsichtlich der Vorhersage des psychoakustischen Geräuscheindrucks überprüft. Dazu wird jeweils der gemessene und synthetisierte Luftschall an Mikrofon 1 verwendet.

Lautheit

Die Lautheit beschreibt die menschliche Lautstärkeempfindung mit linearer Skala. Für die Lautheitsauswertungen im Rahmen dieser Arbeit wird die Berechnungsvorschrift nach DIN 45635/A1 verwendet [DIN10]. Zur drehzahlbezogenen Auswertung wird eine Schrittweite $\Delta n_{an} = 20\ min^{-1}$ verwendet und die Auswertung für Schall unter Freifeldbedingungen durchgeführt, was durch die Luftschallmessung innerhalb der Schallschutzkabine und durch die Verwendung der Schallschutzpaneele sichergestellt wird. In der oberen Zeile von **Bild 4.29** wird der Verlauf der Lautheit über dem Drehzahlhochlauf dargestellt. Die Lautheitsbewertung des gemessenen und des synthetisierten Luftschalls zeigt quantitativ und qualitativ eine hohe Übereinstimmung. Mit steigender Drehzahl und damit einhergehender Leistungszunahme im System nimmt die Lautheit in Messung und Simulation kontinuierlich von $N = 8\ sone$ bis $N = 30\ sone$ zu.

Neben der zweidimensionalen Bewertung der Lautheit über der Drehzahl wird die Analyse des Luftschalls um die spezifische Lautheit erweitert. Diese Auswertung gibt die Lautheitsmuster über den Frequenzgruppen an und bildet die Grundlage für die Berechnung für die Gesamtlautheit. In der unteren Bildzeile wird die spezifische Lautheit des gemessenen Luftschalls betrachtet. Deutlich zu erkennen ist der bereits im oberen Bildteil festgestellte Anstieg der Lautheit zu hohen Drehzahlen mit bis zu

$N' = 3{,}6\ sone/Bark$. Die Erhöhung tritt in diesem Drehzahlbereich vor allem im Frequenzband zwischen $f = 700\ Hz$ und $f = 1700\ Hz$ auf, in dem das menschliche Gehör eine hohe Sensitivität aufweist.

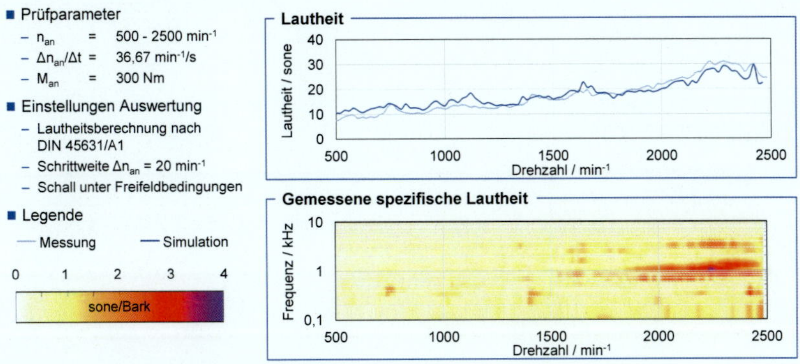

Bild 4.29: Bewertung der Lautheit
Loudness Evaluation

Schärfe

Durch hochfrequente Geräuschanteile verursachte Geräuscheindrücke werden über die psychoakustische Metrik Schärfe beschrieben. Auf Basis der spezifischen Lautheitsverteilung werden diese Frequenzbereiche über eine Gewichtungsfunktion stärker bewertet. Dabei wird im Rahmen dieser Arbeit der Schärfe-Algorithmus nach DIN 45692 verwendet, um den Schärfeeindruck unabhängig von der absoluten Lautheit zu bewerten [DIN09]. Bei diesem Algorithmus wird die Lautheitsberechnung standardmäßig nach dem bereits eingeführten Lautheitsberechnungsverfahren nach DIN 45631/A1 berechnet [DIN10]. Der unter Freifeldbedingungen aufgezeichnete Luftschall wird zur in **Bild 4.30** dargestellten Schärfebewertung wiederum in Drehzahlblöcke mit einer Schrittweite $\Delta n_{an} = 20\ min^{-1}$ unterteilt. Dabei fällt auf, dass der Schärfeeindruck des synthetisierten Luftschalls der Bewertung aus gemessenen Signalen entspricht. Jedoch kann trotz der mit der Drehzahl ansteigenden Zahneingriffsfrequenzen keine Drehzahlabhängigkeit der Schärfe festgestellt werden. Der Schärfewert schwankt stattdessen während des gesamten Hochlaufs um $S = 1{,}7\ acum$.

Zur weiteren Diskussion des Schärfeverlaufs wird die spezifische Lautheit für zwei Drehzahlbänder im mittleren und oberen Drehzahlbereich im unteren Teil von Bild 4.30 analysiert. Hier treten die Frequenzgruppen, in denen die in Bild 4.28 identifizierten Eigenfrequenzen liegen, in beiden Drehzahlbereichen hervor. Dazu zählen vor allem die Frequenzgruppen bei $f = 330\ Hz$, $f = 800\ Hz$ und $f = 1200\ Hz$. Zwar steigt die über das Integral bestimmte Gesamtlautheit zu höheren Drehzahlen an, jedoch bleiben die genannten, hervortretenden Frequenzgruppen identisch, weshalb der Frequenzschwerpunkt keine starke Veränderung aufweist. Dieses Phänomen kann durch die Übertragungseigenschaften des Transferpfads erklärt werden. Das Strukturschwingungsverhalten hat für Anregungsfrequenzen in den Bereichen der Eigenfrequenzen kanalisierende Wirkung. Trotz der veränderlichen Anregungsfrequenzen über dem Drehzahlhochlauf ergibt sich, dass der Frequenzschwerpunkt und damit der Schärfewert nahezu identisch bleibt.

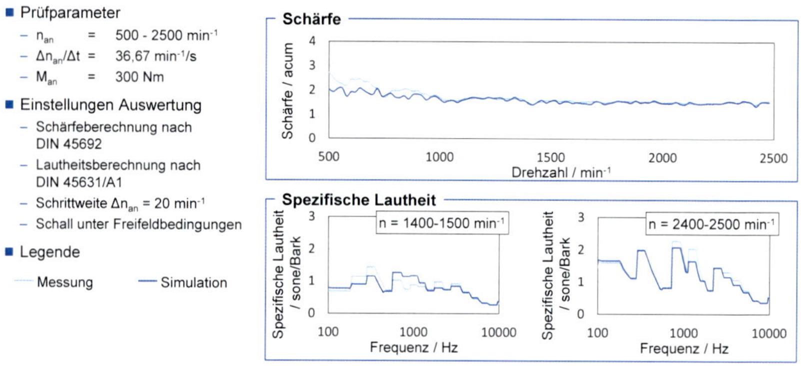

Bild 4.30: Bewertung der Schärfe

Sharpness Evaluation

Tonhaltigkeit

Der tonale Gehöreindruck tritt dann auf, wenn einzelne Töne oder schmalbandiges Rauschen im Geräusch enthalten sind. Im Kontext von Zahnradgetrieben können die im Luftschallspektrum auftretenden Zahneingriffsfrequenzen als tonale Komponenten identifiziert und als störend wahrgenommen werden. Die Berechnung zur Ermittlung von Tönen und Tongruppen in Schmalbandspektren wird anhand der Tonhaltigkeit nach DIN 45681 durchgeführt [DIN05]. Die Auswertung erfolgt mit einer Fensterlänge von 8192 bei einer Überlappung von 50 %. Außerdem wird das Signal in Drehzahlblöcke mit einer Länge von $\Delta n_{an} = 20\ min^{-1}$ unterteilt und das Signal sekündlich gemittelt. Die daraus resultierenden Tonhaltigkeitswerte sind in **Bild 4.31** als Pegeldifferenz über der Drehzahl und der Frequenz aufgetragen.

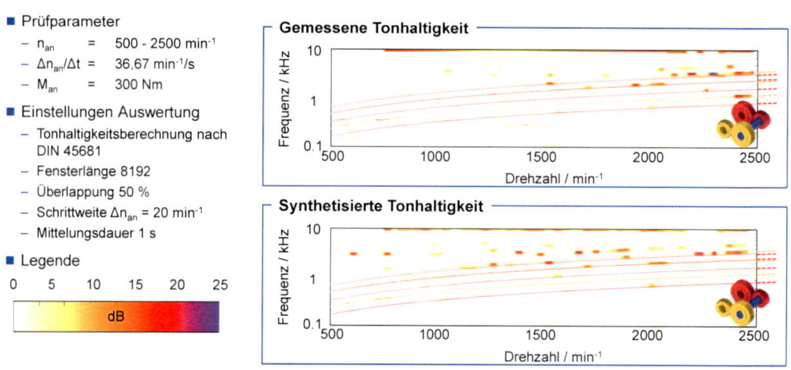

Bild 4.31: Bewertung der Tonhaltigkeit

Tonality Evaluation

Durch die logarithmische Darstellung der Frequenzachse treten dabei die Zahneingriffsfrequenzen als logarithmische Funktion auf. Die Zahneingriffsfrequenzen der ersten Stufe sind über die orange gestrichelten Linien angezeigt. Demgegenüber wird die zweite Stufe über die roten Linien markiert. Sowohl in Messung als auch in Simulation treten dabei tonale Komponenten fast ausschließlich an den Zahneingriffsfrequenzen auf. In der Simulation werden etwas höhere Pegelzuschläge angegeben, was durch die Vernachlässigung nicht mit Zahneingriffsfrequenz auftretender Anregungseffekte über dem Radumfang erklärt werden kann.

Die höchste Pegeldifferenz tritt in beiden Verläufen gegen Ende des Hochlaufs auf, wenn die dritte Zahneingriffsordnung der ersten Stufe $3.\,O_{z,1.St}$ und die vierte Zahneingriffsordnung der zweiten Stufe $4.\,O_{z,2.St}$ in einem Frequenzband liegen. Auffällig ist, dass die tonalen Komponenten in der zweiten Hälfte des Drehzahlhochlaufs auftreten. Erst ab diesen Drehzahlen treten die Zahneingriffsfrequenzen aus dem Gesamtrauschen merklich hervor und werden tonal und störend wahrgenommen. Außerdem treten die tonalen Geräuschkomponenten vor allem im Frequenzbereich zwischen $f = 1\ kHz$ und $f = 5\ kHz$ auf, was die akustische Relevanz dieser Empfindungsgröße unterstreicht.

Rauigkeit

Mit ansteigender Rauigkeit werden Geräusche zunehmend auffällig sowie aggressiv und lästig empfunden. Bei rau wahrgenommenen Geräuschen treten innerhalb einer Frequenzgruppe zeitvariante, frequenz- oder amplitudenmodulierte Töne auf. Daher sind zur Analyse dieses Geräuscheindrucks sowohl die Rauigkeitsberechnung nach dem Gehörmodell von SOTTEK als auch Modulationsberechnungen in **Bild 4.32** aufgeführt [SOTT93]. Dabei werden die Drehzahlhochläufe für beide Analysen analog zu den vorangegangenen Auswertungen in Drehzahlblöcke mit einer Schrittweite von $\Delta n_{an} = 20\ min^{-1}$ unterteilt. Die Rauigkeitswerte aus Messung und Simulation weisen ab $n_{an} = 1000\ min^{-1}$ vergleichbare Werte auf. Unterhalb dieser Drehzahl werden die Rauigkeitswerte der Luftschallsynthese überschätzt. Über den gesamten Drehzahlbereich eignet sich das Synthesemodell jedoch zur Vorhersage dieses Geräuscheindrucks.

Ergänzt wird die Analyse der Rauigkeit um die Modulationsanalyse in der unteren Bildzeile. Dabei wird der Verlauf des Modulationsgrads einerseits über der Drehzahl und andererseits über der Modulationsfrequenz angegeben. Der Modulationsgrad beschreibt die Stärke der Modulation und wird als Quotient zwischen Wechselanteil zu Gleichanteil des Signals berechnet [HEAD18]. Die Auswertung des Modulationsgrads wird auf Basis eines Mitlaufbands mit der Ordnung der zweiten Zahneingriffsordnung der ersten Stufe $2.\,O_{z,1.St} = 58$ durchgeführt. Diese Zahneingriffsordnung liegt in unmittelbarer Nähe zur dritten Zahneingriffsordnung der zweiten Stufe $3.\,O_{z,2.St} = 60{,}1$. Der Verlauf des Modulationsgrads auf Basis des gemessenen und synthetisierten Luftschalls zeigt vergleichbare Werte. Über dem gesamten Drehzahlbereich wird die betrachtete Ordnung stark moduliert. Mit Blick auf die vorliegenden Modulationsfrequenzen im unteren rechten Bildteil zeigt sich, dass die Modulationsfrequenzen vor allem zwischen $f_{mod} = 20\,Hz$ und $f_{mod} = 130\,Hz$ liegen. Da der Geräuscheindruck der Rauigkeit bei Modulationsfrequenzen zwischen $f_{mod} = 20\,Hz$ und $f_{mod} = 300\,Hz$ auftritt und das Maximum der Rauigkeitsempfindung bei ca. $f_{mod} = 70\,Hz$ liegt, tragen die vorliegenden Modulationsfrequenzen massiv zur wahrgenommenen Rauigkeit des Gesamtgeräuschs bei.

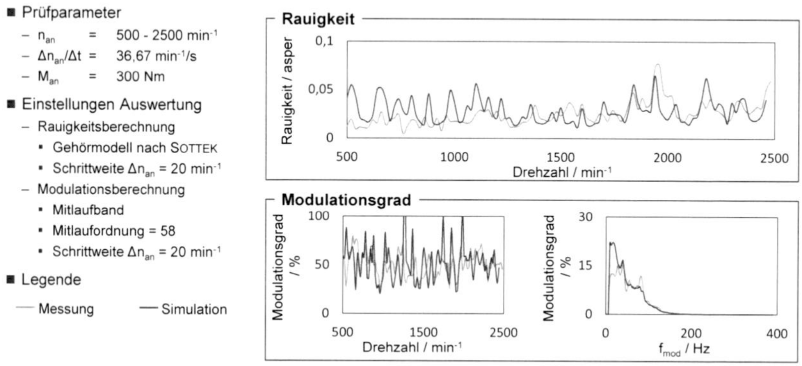

Bild 4.32: Bewertung der Rauigkeit
Roughness Evaluation

4.5 Fazit

Conclusion

Das Anregungs- und Geräuschverhalten von zweistufigen Getrieben ist geprägt von Wechselwirkungen zwischen den Getriebestufen und kann entlang der maschinenakustischen Grundgleichung in die quasistatische und dynamische Anregung im Zahneingriff, die Weiterleitung über die Maschinenstruktur bis zur Abstrahlung an der Oberfläche und die Wahrnehmung des Luftschalls unterteilt werden. Entlang dieser Schallentstehungskette werden schrittweise Simulationsmodelle entwickelt, die anhand experimenteller Daten validiert werden. Dazu wird ein experimenteller Prüfaufbau definiert, der unter quasistatischen und dynamischen Betriebsbedingungen betrieben werden kann. Zentrale Komponente des Prüfaufbaus ist ein zweistufiges Prototypengetriebe, das im Weiteren als Referenz dient. Die zur Validierung notwendige Messtechnik wird in den Prüfaufbau integriert, wobei der Fokus auf die Charakterisierung der Verzahnungsanregung mittels Drehwinkel- und Drehbeschleunigungsmesssystemen gelegt wird.

Zur Beschreibung der quasistatischen Anregung wird eine FE-basierte Zahnkontaktanalyse verwendet und auf zweistufige Getriebe erweitert. Damit ist es einerseits möglich, die Getriebestufen auf Basis des etablierten Drehfehlers getrennt voneinander zu charakterisieren, und andererseits, den Gesamt-Drehfehler zwischen An- und Abtrieb zu bestimmen. Die Rechenmethode wird außerdem erweitert, sodass nun auch Torsionseffekte durch eine neue Fesselungsmethode abbildbar sind, die jedoch für die verwendeten steifen Radkörpergeometrien nur sehr geringen Einfluss zeigen. Der

Vergleich zwischen Messung und Simulation zeigt eine hohe Übereinstimmung sowohl für die Einzel-Drehfehler als auch für den Gesamt-Drehfehler. Darüber hinaus wird die Methode auf ein zweistufiges Getriebe aus dem Bereich der E-Mobilität angewendet. Zur messtechnischen Validierung wurde das Seriengetriebe konstruktiv angepasst, um die Drehwinkelmesssysteme zu integrieren. Die Anregungsvorhersage trifft die gemessenen Verläufe ebenfalls sehr gut.

Bei der Analyse des dynamischen Anregungsverhaltens werden zwei Mehrkörpersimulationsmodelle untersucht, die sich in der Anzahl der berücksichtigten Freiheitsgrade unterscheiden. Zum einen wird ein eindimensionales Modell, das allein auf dem rotatorischen Drehfreiheitsgrad basiert, und zum anderen ein mehrdimensionales Mehrkörpersimulationsmodell, das alle sechs räumlichen Freiheitsgrade beinhaltet, aufgebaut. Die Bestandteile des räumlichen Modells werden vorher einer Modalanalyse unterzogen. Der Vergleich zwischen berechnetem und gemessenem Eigenschwingverhalten zeigt eine gute Übereinstimmung bezüglich Lage und Form der Eigenmoden. Die Validierung der Simulation wird bei beiden Modellen auf Basis der Differenzgeschwindigkeit durchgeführt, die der zeitlichen Integration der gemessenen Differenzbeschleunigung entspricht. Dabei kann das dynamische Anregungsverhalten vor allem im akustisch relevanten Frequenzbereich zwischen $f = 1\ kHz$ bis $f = 5\ kHz$ von beiden Simulationsmodellen gut abgebildet werden. Mit Blick auf eine spätere Nutzung der dynamischen Berechnungsmodelle in einer Auslegungsmethode wird sich fortan auf das rotatorische Berechnungsmodell beschränkt, da die Rechenzeit deutlich geringer als beim räumlichen Modell bei gleichzeitig vergleichbarer Ergebnisgüte in Bezug auf die Zahneingriffsfrequenzen ist.

Zur Vorhersage des abgestrahlten Luftschalls wird ein Synthesemodell entwickelt, das die Transferfunktionen zwischen Anregung im Zahneingriff und resultierendem Luftschall auf Basis der gemessenen Verläufe ermittelt. Vorteilhaft bei diesem Vorgehen ist die Möglichkeit, den verzahnungsunabhängigen Restschall ebenfalls in die Synthese einzubeziehen. Dadurch lassen sich sehr gute Übereinstimmungen zwischen synthetisiertem und gemessenem Luftschall feststellen. Den letzten Schritt stellt die menschliche Geräuschwahrnehmung durch die psychoakustischen Metriken dar. Auch hier zeigen sich gute Übereinstimmungen bezüglich der Lautheit, Schärfe, Tonhaltigkeit und Rauigkeit des Getriebegeräuschs.

Damit liegt für jeden Teilschritt der Schallentstehungskette ein validiertes Berechnungsmodell vor, womit Teilziel 1 erfolgreich erreicht ist. Mit Blick auf die formulierte Forschungsthese steht ein Berechnungswerkzeug zur Verfügung, das zur Einbeziehung des dynamischen Geräuschverhaltens in einer Auslegungsmethode genutzt werden kann.

5 Analyse der gehörbezogenen Geräuschbewertung von zweistufigen Getrieben

Analysis of the Hearing-Related Noise Evaluation of Two-Stage Gearboxes

Zur Analyse der gehörbezogenen Geräuschbewertung wird im nachfolgenden Kapitel der Einfluss verschiedener Verzahnungsparameter auf ebendiese ausgewertet. Die Variation der Verzahnungsparameter umfasst dabei die Zähnezahlen und dadurch bedingt veränderte Zahneingriffsfrequenzen, die Schrägungswinkelrichtung und den Schrägungswinkelbetrag, die Phasenverschiebung und die Mikrogeometrie. Eine Übersicht mit allen im Rahmen dieser Arbeit untersuchten Getriebevarianten ist in **Bild 5.1** aufgeführt. Zur einfacheren Lesbarkeit sind jeweils die im Vergleich zur Referenz veränderten, im Fokus stehenden Parameter fett markiert. Einerseits werden experimentelle Untersuchungen auf Basis desselben Triebstrangaufbaus wie im vorangegangenen Kapitel und andererseits rechnerische Vorhersagen herangezogen und verglichen. Auf der Berechnungsseite werden die validierten Methoden, die entlang der Schallentstehungskette in das quasistatische und dynamische Anregungs- sowie das dynamische Geräuschverhalten dreigeteilt wurden, verwendet. Nach der Berechnung der quasistatischen Anregung mit der Zahnkontaktanalyse wird das dynamische Anregungsverhalten mit Blick auf eine spätere Anwendung in einer Auslegungsmethode über den eindimensionalen Modellansatz abgebildet. Bis auf die veränderte Anregung im Zahneingriff werden dazu identische Modellparameter verwendet. Die Luftschallsynthese erfolgt ebenfalls mit den am Referenzaufbau ermittelten Übertragungsfunktionen, sodass eine Vergleichbarkeit entlang der gesamten Schallentstehungskette gegeben ist. Schließlich wird die gehörbezogene Bewertung anhand der psychoakustischen Metriken durchgeführt.

Variante	Stufe 1								Stufe 2							
	z_1	z_2	m_n	α_n	β_1	β_2	b_1	b_2	z_3	z_4	m_n	α_n	β_3	β_4	b_3	b_4
	-	-	mm	°	°	°	mm	mm	-	-	mm	°	°	°	mm	mm
REF	29	42	3	20	-19,3	19,3	41,5	44	29	42	3	20	-19,3	19,3	41,5	44
V1	29	42	3	20	-19,3	19,3	41,5	44	**20**	**33**	4	18	-20,4	20,4	50	50
V2	**20**	**33**	4	18	-20,4	20,4	50	50	29	42	3	20	-19,3	19,3	41,5	44
V3	29	42	3	20	-19,3	19,3	41,5	44	29	42	3	20	**19,3**	**-19,3**	41,5	44
V4	29	42	3	20	-19,3	19,3	41,5	44	29	42	3	20	**13,6**	**-13,6**	41,5	44
V5	**25**	**36**	3,5	20	-19,3	19,3	41,5	44	**36**	**25**	3,5	20	19,3	-19,3	44	41,5
V6	**25**	**36**	3,5	20	-19,3	19,3	41,5	44	**36**	**25**	3,5	20	19,3	-19,3	44	41,5
V7	29	42	3	20	-19,3	19,3	41,5	44	29	42	3	20	19,3	-19,3	41,5	44

Bild 5.1: Übersicht zu allen Verzahnungen und Getrieben
Overview of All Gears and Gearboxes

Dabei ist für eine Nutzung der gehörbezogenen Bewertung in der Auslegung die Zusammenführung der auf verschiedenen Geräuschaspekten fokussierenden Metriken anzustreben, was gleichzeitig zur Erreichung von Teilziel 2 beiträgt. Daher wird zum Abschluss dieses Kapitels eine Lästigkeitsmetrik auf Basis von Hörversuchen bestimmt, die auf die bisher eingeführten Getriebevarianten angewendet wird.

5.1 Einfluss der Zähnezahl

Influence of the Number of Teeth

Die Frequenzzusammensetzung des Getriebegeräuschs wird direkt durch die Zähnezahlen der beiden Getriebestufen bestimmt. Die Verzahnungsordnungen beschreiben diesen Zusammenhang drehzahlunabhängig. In Abhängigkeit des Abstandes zwischen den Anregungsordnungen beider Getriebestufen können Geräusche angenehmer oder lästiger beurteilt werden. Der geringste Ordnungsabstand beim Referenzgetriebe liegt zwischen der zweiten Ordnung der ersten Stufe $2.O_{z,1St} = 58$ und der dritten Ordnung der zweiten Stufe $3.O_{z,2St} = 60{,}1$, vgl. Gleichung (4-4) und Gleichung (4-5). Zur weiteren Analyse werden im Folgenden zwei Varianten untersucht, bei denen der geringste Ordnungsabstand zwischen anderen Zahneingriffsordnungen oder deren Harmonischen liegt.

Bei der Variante V1 mit veränderten Zähnezahlen wird die Makrogeometrie der zweiten Getriebestufe angepasst, vgl. Bild 5.1. Nach Gleichung (5-1) bleibt die Verzahnungsordnung der ersten Stufe im Vergleich zur Referenz unverändert. Die Verzahnungsordnung der zweiten Stufe berechnet sich nach Gleichung (5-2). Dadurch liegt der geringste Ordnungsabstand zwischen der ersten Ordnung der ersten Stufe $1.O_{z,1St} = 29{,}0$ und der zweiten Ordnung der zweiten Stufe $2.O_{z,2St} = 27{,}6$.

$$1.O_{z,1St} = \frac{n_1 \cdot z_1}{n_1} = 29{,}0 \qquad (5\text{-}1)$$

$$1.O_{z,2St} = \frac{n_3 \cdot z_3}{n_1} = \frac{z_3}{i_{1St}} = 13{,}8 \qquad (5\text{-}2)$$

$n.O_{z,iSt}$	[-]	n. Verzahnungsordnung Stufe i	n_i	[min^{-1}]	Drehzahl Zahnrad i
z_i	[-]	Zähnezahl Zahnrad i	i_{iSt}	[-]	Übersetzung Stufe i

Demgegenüber wird im Vergleich zur Referenz bei der Variante V2 der Radsatz auf der ersten Stufe ausgetauscht. Dadurch ergibt sich die Verzahnungsordnung nach Gleichung (5-3) für die erste Stufe, während die Ordnungen der zweiten Stufe mit Gleichung (5-4) berechnet werden. Daraus folgt, dass bei dieser Getriebevariante der geringste Ordnungsabstand zwischen den beiden ersten Verzahnungsordnungen $1.O_{z,1St} = 20{,}0$ und $1.O_{z,2St} = 17{,}6$ vorliegt. Die beiden Getriebevarianten werden im Folgenden entlang der Geräuschentstehungskette analysiert und dabei die entwickelte Berechnungskette weiter auf ihre Eignung zur Vorhersage des Anregungs- und Geräuschverhaltens von zweistufigen Getrieben untersucht.

$$1.\,O_{z,1St} = \frac{n_1 \cdot z_1}{n_1} = 20{,}0 \tag{5-3}$$

$$1.\,O_{z,2St} = \frac{n_3 \cdot z_3}{n_1} = \frac{z_3}{i_{1St}} = 17{,}58 \tag{5-4}$$

$n.\,O_{z,iSt}$	[-]	n. Verzahnungsordnung Stufe i	n_i	[min^{-1}]	Drehzahl Zahnrad i
z_i	[-]	Zähnezahl Zahnrad i	i_{iSt}	[-]	Übersetzung Stufe i

Quasistatisches Anregungsverhalten

Die erste Stufe der Referenzvariante und der Variante V1 weisen die makrogeometrisch gleichen Radsätze auf, die sich aber hinsichtlich ihrer mikrogeometrischen Eigenschaften innerhalb des Toleranzbands durch die Fertigungsstreuung unterscheiden. Daher ist beim Blick auf das quasistatische Anregungsverhalten der Variante V1 in **Bild 5.2** der Drehfehler der ersten und zweiten Zahneingriffsfrequenz in Betrag und Verlauf ähnlich zur Referenzvariante. Messung und Simulation weisen dabei eine hohe Übereinstimmung auf. Das betrifft zum einen das konstante Anregungsplateau in der $1.\,f_{z,1St}$ ab einem Drehmoment von $M_{an} = 125\ Nm$ und zum anderen sowohl das lokale Maximum als auch das lokale Minimum in der $2.\,f_{z,1St}$.

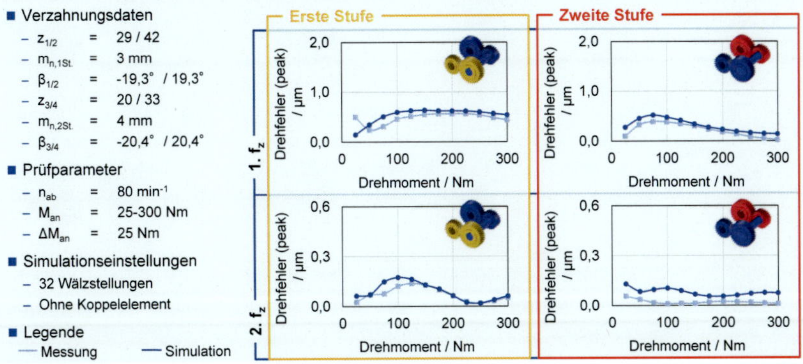

Bild 5.2: Quasistatisches Anregungsverhalten für Variante V1 mit angepassten Zähnezahlen

Quasi-Static Excitation Behavior for Variant V1 with Adjusted Number of Teeth

Der Radsatz der zweiten Stufe weist im Vergleich zur Referenzvariante einen höheren Modul und durch die gleichen Durchmesserverhältnisse geringere Zähnezahlen als die Referenzvariante auf. Dadurch ergeben sich größere Zahnfußsehnen und steifere Zähne, die zu einem geringeren Drehfehler führen. Das lokale Maximum der ersten Zahneingriffsfrequenz $1.\,f_{z,2St}$ liegt bei $M_{an} = 75\ Nm$, ab dem der Drehfehler wie bei der Referenz zu niedrigen und hohen Momenten abnimmt. Die Drehfehleramplitude der zweiten Zahneingriffsfrequenz weist in Messung und Simulation eine geringe Drehmomentabhängigkeit auf, wobei die Werte von der Simulation leicht überschätzt werden.

Bei der Variante V2 wird die Makrogeometrie der ersten Getriebestufe verändert. Durch die höhere Zahnsteifigkeit ergibt sich vor allem für die erste Zahneingriffsfrequenz der ersten Stufe in **Bild 5.3** eine geringere Anregung im Vergleich zur Referenz und zur Variante V1. Dabei ist anzumerken, dass gleiche Radsätze mit gleicher Auslegung verwendet wurden, deren Mikrogeometrien jedoch innerhalb der Fertigungsabweichungen streuen (V1 - 2. Stufe und V2 - 1. Stufe). Das lokale Maximum liegt analog zur zweiten Stufe der Variante V1 bei $M_{an} = 75\,Nm$. Die Anregung zeigt sich dabei weitgehend unabhängig vom Drehmoment. Die Anregung der $2.\,f_{z,1St}$ liegt dagegen in einer ähnlichen Größenordnung wie bei der Referenz.

Der Radsatz der zweiten Getriebestufe ist derselbe Radsatz wie bei der Referenz. Die Anregungscharakteristik in der ersten Zahneingriffsfrequenz folgt daher demselben Muster mit einem plateauförmigen Maximum der Anregung zwischen $M_{an} = 75\,Nm$ und $M_{an} = 150\,Nm$. Analog ergibt sich ein gleicher Verlauf der zweiten Zahneingriffsfrequenz, was sowohl die Lage des lokalen Maximums und lokalen Minimums als auch die Amplitude betrifft. Die Simulation ist darüber hinaus in der Lage, das Anregungsverhalten korrekt vorherzusagen. Die Ergebnisse bestätigen die robuste Konstruktion des Prüfaufbaus, bei dem der Einfluss der Montage geringgehalten werden konnte.

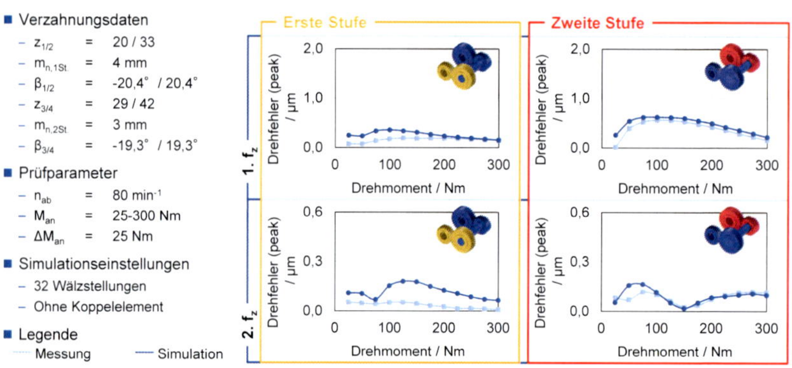

Bild 5.3: Quasistatisches Anregungsverhalten für Variante 2 mit angepassten Zähnezahlen
Quasi-Static Excitation Behavior for Variant 2 with Adjusted Number of Teeth

Dynamisches Anregungs- und Geräuschverhalten

Die Simulation des dynamischen Anregungsverhaltens wird mit dem anhand der experimentellen Daten zum Referenzgetriebe entwickelten Parametersatz mit 41 reduzierten Freiheitsgraden berechnet. Die Vorgabe der Abtriebsdrehzahl wird entsprechend der Gesamtübersetzung derart angepasst, dass sich der gleiche Drehzahlhochlauf an der Antriebswelle wie bei der Referenz ergibt. Im gemittelten Frequenzspektrum der ersten Stufe der Variante V1 im mittleren oberen Teil von **Bild 5.4** ergibt sich daher im Vergleich zur Referenz eine ähnliche Anregungscharakteristik. Das betrifft ebenso die relevanten Eigenfrequenzen bei $f = 770\,Hz$ und $f = 1090\,Hz$. Der

Anregungsverlauf im akustisch relevanten Frequenzbereich zeigt zwischen Messung und Simulation eine hohe Übereinstimmung.

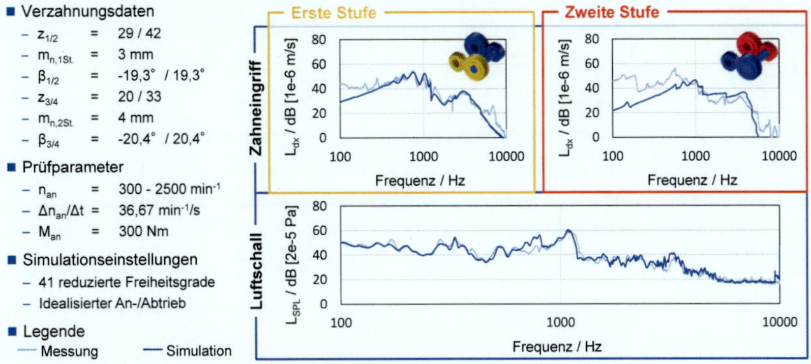

Bild 5.4: Dynamisches Anregungs- und Geräuschverhalten für Variante V1

Dynamic Excitation and Noise Behavior for Variant V1

Mit Blick auf das gemittelte Frequenzspektrum der zweiten Stufe liegen in diesem Frequenzbereich vergleichbare Anregungspegel zwischen der Variante V1 und der Referenzvariante vor. Dagegen treten bei der Variante V1 im Frequenzbereich bis $f = 700\ Hz$ höhere langwellige und damit niederfrequente Anregungen auf. Dies liegt im Fertigungsprozess des Großrads der zweiten Stufe begründet. Die Hartfeinbearbeitung wurde mittels kontinuierlichem Wälzschleifen durchgeführt, bei der die Zähnezahl des Großrads einem Vielfachen der Gangzahl der Schleifschnecke entsprach. Daraus resultiert ein regelmäßiger Teilungsfehler auf dem Großrad, der zu Anregungspegeln im niederfrequenten Bereich führt. Diese Anregungseffekte werden im Berechnungsmodell nicht berücksichtigt, wodurch Unterschiede zwischen Messung und Simulation resultieren. Im akustisch relevanten Frequenzbereich über $f = 700\ Hz$ können die Anregungseffekte von der Simulation jedoch vorhergesagt werden.

In der Frequenzzusammensetzung des an Mikrofon 1 gemessenen Schalldruckpegels können die in der Differenzschnelle detektierten Eigenfrequenzen bei $f = 770\ Hz$ und $f = 1090\ Hz$ ebenfalls erkannt werden. Der Schalldruck weist dabei ähnliche Pegel wie die Referenz auf. Die Übereinstimmung zwischen Messung und Simulation ist über dem gesamten betrachteten Frequenzbereich sehr hoch.

Für die Variante V2 liegt die aufgrund des Teilungsfehlers auftretende langwellige Anregung im Frequenzspektrum der ersten Stufe, vgl. **Bild 5.5** Mitte oben, höher als die Referenz. Hier treten wiederum Abweichungen zur Simulation auf. Insbesondere im von der ersten Zahneingriffsordnung der ersten Stufe beeinflussten Frequenzbereich bis $f = 1000\ Hz$ ist eine im Vergleich zur Referenz geringere Anregung zu verzeichnen. Dadurch tritt die Eigenfrequenz bei $f = 790\ Hz$ weiterhin hervor, jedoch wird die Eigenfrequenz bei $f = 1090\ Hz$ deutlich weniger angeregt. Das Frequenzspektrum der zweiten Stufe ist aufgrund des identischen Radsatzes auf dieser Getriebestufe sehr ähnlich zum Referenzgetriebe. Einzig im Frequenzbereich zwischen $f = 800\ Hz$ und

$f = 1200\ Hz$ liegt aufgrund der geringeren Weiterleitung der Anregung von der ersten zur zweiten Stufe bei der Getriebevariante V2 ein geringerer Anregungspegel vor. Verlauf und Pegel der Anregungsspektren der ersten und zweiten Stufe können von der Simulation besonders im akustisch relevanten Frequenzbereich abgebildet werden.

Der Verlauf des Luftschalls im unteren Bildteil weist den höchsten Peak um $f = 750\ Hz$ auf. Im Vergleich zur Referenz und zur Variante V1 liegt das Anregungsniveau unterhalb des Schalldruckpegels dieser Varianten, was durch die geringere Anregung der Variante V2 im von der Verzahnung beeinflussten und durchlässigen Frequenzbereich der Struktur zwischen $f = 800\ Hz$ und $f = 1200\ Hz$ erklärt werden kann. In diesem Frequenzbereich wird der prognostizierte Luftschall überschätzt. Im übrigen Frequenzbereich liegt weiterhin eine hohe Übereinstimmung zwischen Messung und Simulation vor.

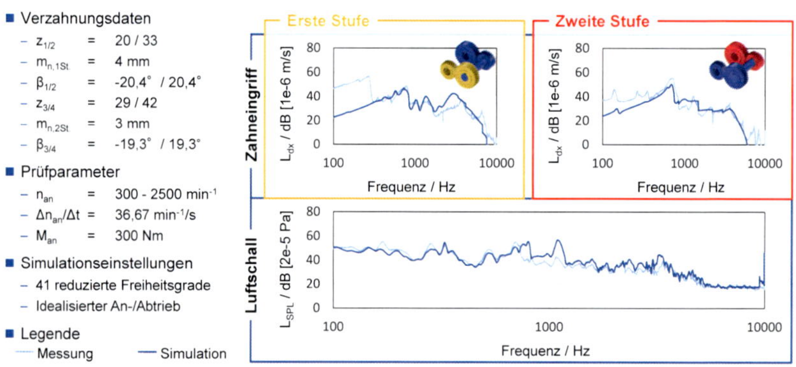

Bild 5.5: Dynamisches Anregungs- und Geräuschverhalten für Variante V2
Dynamic Excitation and Noise Behavior for Variant V2

Gehörbezogenes Geräuschverhalten

Der Einfluss der veränderten Zähnezahlen auf die gehörbezogenen Eigenschaften des Luftschalls ist in **Bild 5.6** als Vergleich mit der Referenz aufgeführt. Dabei werden Einzahlwerte der psychoakustischen Metriken verwendet, die außer bei der Lautheit auf Basis der arithmetischen Mittelwerte über dem Drehzahlhochlauf bestimmt werden. Die Lautheit wird als 5 %-Perzentil-Wert angegeben, bei dem 5 % der Analyseergebnisse über dem Wert liegen.

Die Referenz weist den höchsten Lautheitswert der drei Varianten auf. Mit Blick auf die Zahnradgeometrie liegen hier auf beiden Stufen die höchsten Zähnezahlen und damit einhergehend die höchsten Zahneingriffsfrequenzen vor. Bei der Referenzvariante regen die dominierenden beiden ersten Zahneingriffsfrequenzen $1.f_{z,1St}$ und $1.f_{z,2St}$ die dominanten Eigenfrequenzen bei $f = 700\ Hz$ und $f = 1050\ Hz$ an, was zu einer verstärkten Luftschallabstrahlung gegen Ende des Drehzahlhochlaufs resultiert. Dieser Effekt wird bei den geringeren Zahneingriffsfrequenzen der Varianten V1 und V2 reduziert, was zu der geringeren Lautheit führt. Die Schärfe zeigt sowohl über dem Drehzahlhochlauf als auch in Abhängigkeit der Zahneingriffsfrequenz für die drei Varianten nur sehr geringe Unterschiede in der Wahrnehmung hoher Frequenzen. Dies liegt in dem bereits diskutierten Übertragungsverhalten der Systemstruktur begründet, das für manche Frequenzbereiche durchlässiger als für andere Bereiche ist. Der Frequenzschwerpunkt des abgestrahlten Luftschalls bleibt folglich unbeeinflusst von den veränderten Zähnezahlen.

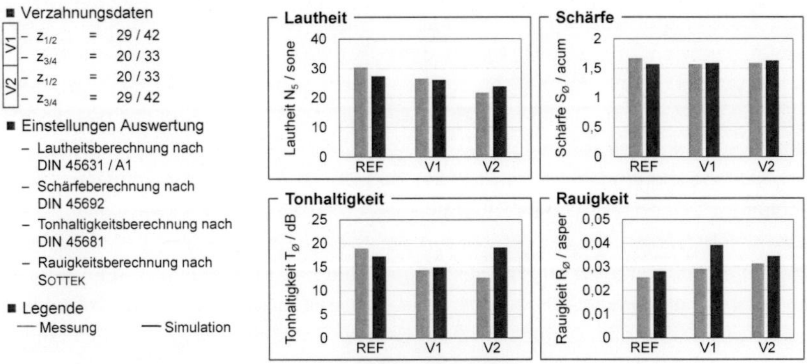

Bild 5.6: Gehörbezogenes Geräuschverhalten mit angepassten Zähnezahlen
Hearing-Related Noise Behavior with Adjusted Number of Teeth

Bei der Tonhaltigkeit weist die Referenz den höchsten Anteil an Tönen im Gesamtgeräusch auf. Obwohl bei den Varianten V1 und V2 geringere Zahneingriffsordnungen den geringsten Ordnungsabstand aufweisen, sinkt der Anteil tonaler Komponenten. Aufgrund der Kombination aus geringeren Zähnezahlen respektive Zahneingriffsfrequenzen und niedrigeren Ordnungen der benachbarten Zahneingriffsordnungen, werden mehrere in einem Frequenzband liegende Ordnungen nicht mehr so tonal wahrgenommen. Die Rauigkeit der Variante V2, bei der die beiden ersten Zahneingriffsfrequenzen am engsten benachbart sind, weist die höchste Rauigkeit auf. Die Kombination aus hohem Anregungspegel der Zahneingriffsordnung und Modulationsabstand im für die Rauigkeit relevanten Frequenzbereich führt zu dieser Wahrnehmung. Je geringer die benachbarten Verzahnungsordnungen sind, desto höher ist die wahrgenommene Rauigkeit infolge der Modulationseffekte zwischen den Getriebestufen.

Beim Vergleich der gemessenen und synthetisierten Einzahlwerte lassen sich die gleichen Tendenzen feststellen. Vor allem für die Lautheit und die Schärfe prognostiziert das Synthesemodell den menschlichen Geräuscheindruck sehr gut. Für die Tonhaltigkeit und die Rauigkeit können die Tendenzen mit zwei Ausreißern ebenfalls abgebildet werden.

Zwischenfazit

Der Fokus in der Variation der Verzahnungsparameter liegt in der Veränderung der Zähnezahl der Getriebestufen. Der Einfluss veränderter Zähnezahlen und damit veränderter Zahneingriffsfrequenzen auf die gehörbezogene Geräuschbewertung wurde nachgewiesen. In Abhängigkeit der Zähnezahlen beider Getriebestufen werden die Eigenfrequenzen von anderen Harmonischen der Zahneingriffsfrequenzen angeregt, was je nach Frequenzbereich zu einer Verstärkung oder Abschwächung der Schwingungs- und Geräuschanregung führt.

5.2 Einfluss des Schrägungswinkels

Influence of the Helix Angle

Beim Referenzgetriebe werden auf beiden Stufen zwei makrogeometrisch gleiche Radsätze verwendet. Daraus resultiert, dass die Axialkräfte von beiden Getriebestufen an der Verbindungswelle in Richtung der Antriebsseite zeigen und sich verstärken. Aufgrund des höheren Drehmoments an der zweiten Stufe liegt an der zweiten Stufe eine höhere Axialkraft vor. In der Praxis werden daher auf der Verbindungswelle Räder mit gleicher Steigungsrichtung verwendet, sodass die Axialkräfte in entgegengesetzte Richtungen zeigen. Zur Untersuchung dieses Einflusses werden zwei weitere Getriebevarianten definiert, bei der der Radsatz der zweiten Stufe verändert wird. Zum einen wird bei der Variante V3 nur die Steigungsrichtung von Ritzel und Rad im Vergleich zur Referenz umgekehrt. Die resultierende Axialkraft zeigt bei dieser Variante folglich Richtung Abtriebsseite. Darüber hinaus wird der Schrägungswinkel der Variante V4 derart angepasst, sodass die Axialkräfte nahezu gleiche Beträge aufweisen und sich damit kompensieren, vgl. Bild 5.1.

Die Auswirkung der Schrägungswinkelvariation auf den resultierenden Körperschall in axialer Richtung ist in **Bild 5.7** dargestellt. Verglichen werden jeweils die Anregungsanteile der ersten Zahneingriffsfrequenz von beiden Getriebestufen an der An- und der Abtriebsseite als Mittelwert über dem Drehzahlhochlauf. Generell kann festgestellt werden, dass die Anregungsanteile der schnell drehenden ersten Stufe $1.f_{z,1St}$ zu höheren Anregungsamplituden führen als die Anteile der mit höherer Kraft anregenden zweiten Getriebestufe. Beim Vergleich der Wirkrichtungen werden die Anregungsanteile der ersten Stufe $1.f_{z,1St}$ für die Referenz stärker in Richtung der resultierenden Axialkraft auf Antriebsseite als für die axialkraftkompensierenden Varianten weitergeleitet. Bei der praxisnahen Variante V3, bei der die resultierende Axialkraft Richtung Abtrieb zeigt, ist eine höhere Anregung dieser Frequenz an der Abtriebsseite festzustellen, obwohl die Axialkraft der ersten Stufe Richtung Antrieb wirkt, vgl. Bild 5.7 Mitte unten. Die Schwingungsanteile werden folglich Richtung der resultierenden Axialkraft durch die Verbindungswelle zur Abtriebsseite weitergeleitet.

Die Anregungsanteile der zweiten Getriebestufe $1.f_{z,2St}$ im oberen rechten Bildteil weisen an der Antriebsseite für die Referenz die höchste Schwingungsamplitude auf, was aufgrund der Wirkrichtung der Axialkraft für diese Variante plausibel ist. Demgegenüber zeigt der Richtung Abtriebsseite weitergeleitete Körperschall der zweiten Stufe im unteren rechten Bildteil keine Abhängigkeit der unterschiedlichen Schrägungswinkelkonfigurationen.

Daraus lässt sich ableiten, dass die gezielte Einstellung des Schrägungswinkels zu einer Verringerung bzw. Verstärkung von Axialschwingungen führt. Die Wahl der Wirkrichtung der Axialkräfte muss hinsichtlich möglicher Aufhängepunkte des Getriebes beachtet werden, um die in die Umgebung eingeleiteten Strukturschwingungen zu minimieren. Die weitere Beurteilung des Einflusses des Schrägungswinkels entlang der Geräuschentstehungskette wird nachfolgend diskutiert.

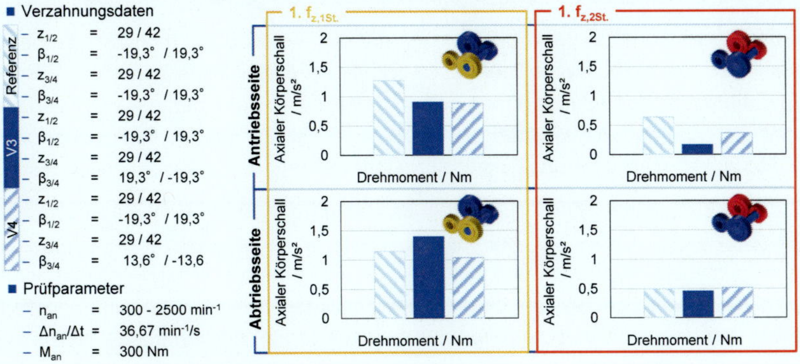

Bild 5.7: Vergleich des Körperschalls in axialer Richtung

Comparison of Structure-Borne Noise in Axial Direction

Quasistatisches Anregungsverhalten

Auf der ersten Getriebestufe der Variante V3 ist der makrogeometrisch gleiche Radsatz wie bei der Referenz montiert, wobei die im Vergleich zur Referenz unterschiedliche Mikrogeometrie innerhalb der tolerierten Fertigungsabweichungen liegt. Daraus ergibt sich für den Drehfehler der ersten Stufe im mittleren Teil von **Bild 5.8** ein Verlauf, der qualitativ dem Anregungsverhalten der Referenz entspricht.

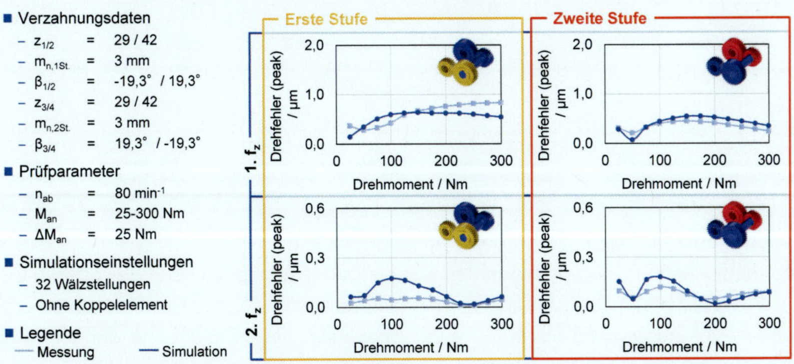

Bild 5.8: Quasistatisches Anregungsverhalten für Variante V3 mit angepasstem Schrägungswinkel

Quasi-Static Excitation Behavior for Variant V3 with Adjusted Helix Angle

Der berechnete Anregungsverlauf stimmt gut mit den gemessenen Ergebnissen überein, wobei das lokale Maximum der zweiten Zahneingriffsfrequenz bei $M_{an} = 100\ Nm$ in den Messdaten nicht auftritt. Die erste Zahneingriffsfrequenz der zweiten Stufe weist ein lokales Minimum bei $M_{an} = 50\ Nm$ auf, worauf im mittleren Drehmomentbereich ein Anregungsplateau mit annähernd gleicher Drehfehleramplitude folgt. In der zweiten

Zahneingriffsfrequenz verschieben sich die Minima im Vergleich zur Referenz zu leicht höheren Drehmomenten ($M_{an} = 50\ Nm$ und $M_{an} = 200\ Nm$). Die Prognose des Drehfehlers trifft dabei für beide Zahneingriffsfrequenzen die gemessenen Ergebnisse.

Bei der Variante V4 ist derselbe Radsatz auf der ersten Stufe montiert wie bei der Variante V3. Die berechneten Drehfehlerverläufe der ersten Stufe im mittleren Teil von **Bild 5.9** entsprechen folglich denen von Variante V3. Bei den gemessenen Verläufen zeigen sich ebenfalls keine Unterschiede, was die Erreichung des Auslegungsziels in der Getriebekonzeptionierung hinsichtlich wiederholgenauer Montage erneut bestätigt.

Bei der zweiten Stufe ähnelt der Anregungsverlauf der ersten Zahneingriffsfrequenz dem der zweiten Stufe der Variante V3. Nach einem lokalen Minimum zwischen $M_{an} = 75\ Nm$ und $M_{an} = 100\ Nm$ steigt die Anregung degressiv mit dem Drehmoment an. Im Verlauf der zweiten Zahneingriffsfrequenz liegen zwei lokale Anregungsminima wie bei den Vergleichsvarianten vor. Die Abbildungsgüte der Simulation ist für beide Stufen erneut sehr hoch.

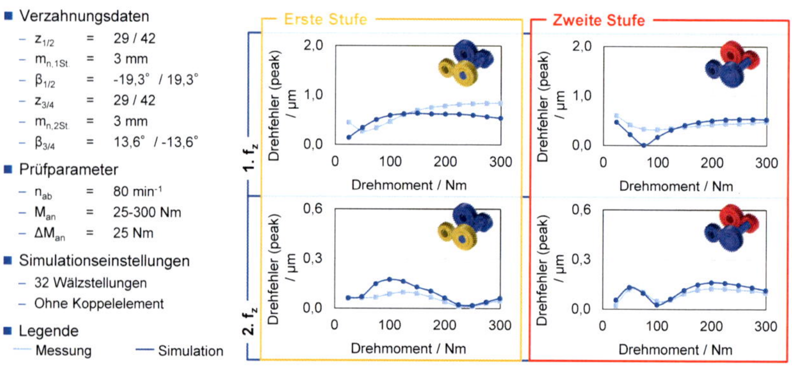

Bild 5.9: Quasistatisches Anregungsverhalten für Variante V4 mit angepasstem Schrägungswinkel

Quasi-Static Excitation Behavior for Variant V4 with Adjusted Helix Angle

Dynamisches Anregungs- und Geräuschverhalten

Das dynamische Anregungsverhalten der Getriebevariante V3 ist in der oberen Zeile von **Bild 5.10** dargestellt. Aufgrund des makrogeometrisch gleichen Radsatzes ergibt sich sowohl in Messung als auch in der Simulation hinsichtlich Lage und Pegel der Eigenfrequenzen ein vergleichbares Anregungsverhalten der ersten Stufe wie beim Referenzgetriebe. Die Änderung der Axialkraftrichtung verändert folglich nicht die Interaktion zwischen den Getriebestufen durch die Übertragung von Anregungseffekten im Drehfreiheitsgrad von der zweiten zur ersten Stufe. In der zweiten Stufe ist die Eigenfrequenz mit dem höchsten Pegel im Vergleich zur Referenz leicht zu höheren Frequenzen verschoben (von $f = 690\ Hz$ auf $f = 730\ Hz$). Eine hohe Übereinstimmung zwischen Messung und Simulation ist vor allem im akustisch relevanten Frequenzbereich festzustellen.

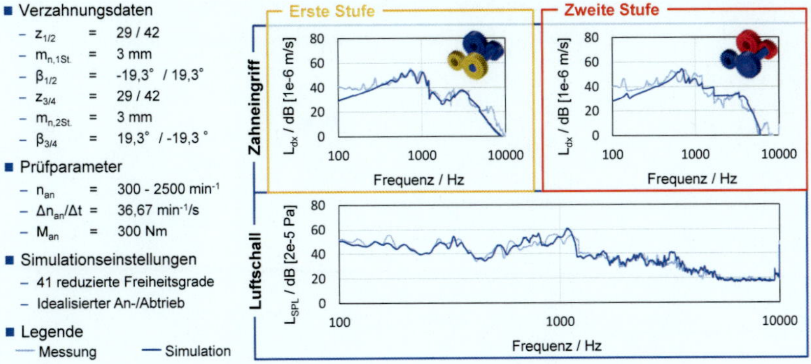

Bild 5.10: Dynamisches Anregungs- und Geräuschverhalten für Variante V3

Dynamic Excitation and Noise Behavior for Variant V3

Die hohe Abbildungsgüte lässt sich ebenfalls im Verlauf des Schalldruckpegels im unteren Bildteil beobachten. Lediglich im Frequenzbereich zwischen $f = 700\,Hz$ und $f = 1200\,Hz$ treten leichte Abweichungen zwischen Messung und Simulation auf, die maßgeblich in den Abweichungen zwischen den gemessenen und berechneten Verläufen der Differenzgeschwindigkeit der zweiten Stufe begründet liegen. Im Vergleich zur Referenz liegen die Schalldruckpegel in einer vergleichbaren Größenordnung, da durch den veränderten Radsatz bei gleicher Radkörpergeometrie keine maßgebliche Veränderung der signalübertragenden Frequenzbereiche des strukturbedingten Übertragungsverhaltens resultiert.

Bei der Analyse des dynamischen Anregungsverhaltens der Variante 4 mit Axialkraftkompensation in **Bild 5.11** kann wieder ein nahezu identischer Anregungsverlauf in der Differenzgeschwindigkeit der ersten Stufe im Vergleich zur Referenz festgestellt werden. Auch hier hat die Veränderung der Axialkraft keinen wesentlichen Einfluss auf die dynamische Anregung im Zahneingriff. Im Frequenzspektrum der zweiten Stufe weist der von der ersten Zahneingriffsfrequenz der zweiten Stufe beeinflusste Frequenzbereich bis $f = 800\,Hz$ einen höheren Pegel auf als die Variante V3 und die Referenz. Die leicht erhöhte Anregung kann auf die erhöhte Verzahnungsanregung zurückgeführt werden, die beim Vergleich der Drehfehleramplituden der Varianten für das Drehmoment von $M_{an} = 300\,Nm$ auftritt. Die höheren Verzahnungsordnungen weisen geringere Anteile am Anregungsspektrum auf, was durch den mit steigender Frequenz abfallenden Anregungspegel identifiziert werden kann.

Der Vergleich zwischen gemessenem und synthetisiertem Luftschallpegel in der unteren Bildzeile weist eine gute Übereinstimmung auf. Dabei zeigen sich ähnliche Verläufe wie bei den in diesem Abschnitt zum Vergleich herangezogenen Varianten Referenz und V3. Die bei der Variante V3 identifizierte Erkenntnis, dass die Schrägungswinkel den Übertragungspfad zwischen Anregung im Zahneingriff und resultierendem Luftschall nicht wesentlich beeinflussen, kann bestätigt werden. Zwar treten durch die höhere Anregung der ersten Zahneingriffsfrequenz der zweiten Stufe diese

Frequenzbereiche auch im Luftschall hervor, jedoch ohne den Verlauf des Schalldruckpegels im akustisch relevanten Frequenzbereich stark zu beeinflussen.

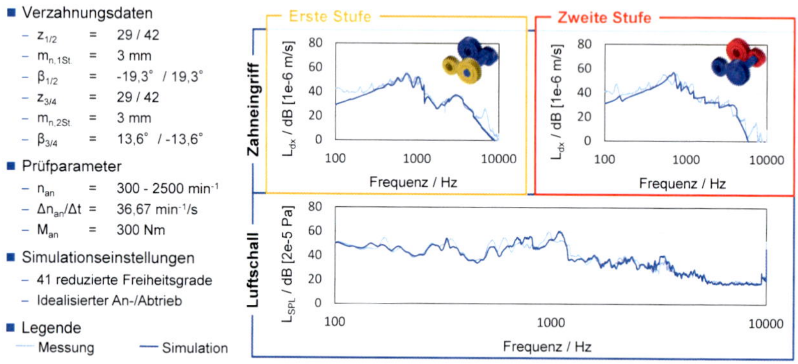

Bild 5.11: Dynamisches Anregungs- und Geräuschverhalten für Variante V4
Dynamic Excitation and Noise Behavior for Variant V4

Gehörbezogenes Geräuschverhalten

Die gehörbezogene Analyse des Luftschalls der Varianten mit verändertem Schrägungswinkel ist in **Bild 5.12** dargestellt. Im Wesentlichen werden die anhand des Schalldruckpegels getroffenen Erkenntnisse bestätigt. In allen vier psychoakustischen Metriken treten nur sehr geringe Unterschiede zwischen der Variante V3 und Variante V4 auf, sodass der Einfluss der Axialkraftrichtung infolge der veränderlichen Schrägungswinkel auf die gehörbezogene Geräuschbewertung als sehr gering eingestuft wird. Gleiches spiegelt sich auch in den Ergebnissen des synthetisierten Luftschalls wider, bei dem die beiden Varianten hinsichtlich der vier Empfindungsgrößen nur gering variieren.

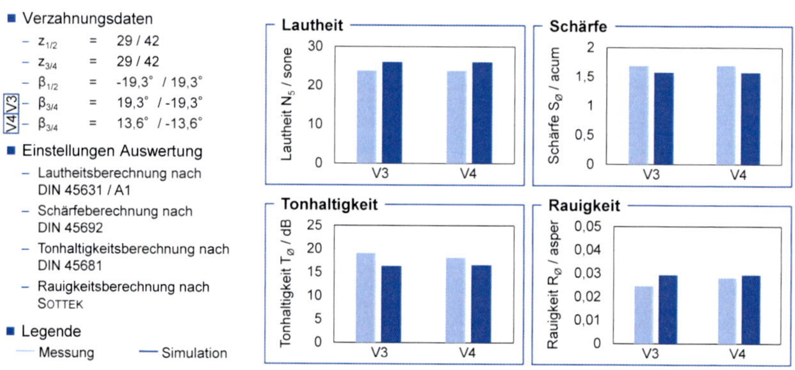

Bild 5.12: Gehörbezogenes Geräuschverhalten mit angepasstem Schrägungswinkel
Hearing-Related Noise Behavior with Adjusted Helix Angle

Zwischenfazit

Zur Analyse des Einflusses des Schrägungswinkels auf das gehörbezogene Geräuschverhalten wurde sowohl die Steigungsrichtung als auch der Betrag des Schrägungswinkels der zweiten Getriebestufe variiert. Die Ergebnisse zeigen, dass durch die gezielte Auslegung des Schrägungswinkels die Einleitung von Axialkraftschwingungen in die umgebenden Strukturen reduziert werden kann. Die weiteren Kenngrößen entlang der Schallentstehungskette zeigen demgegenüber keine relevanten Unterschiede zwischen den Varianten.

5.3 Einfluss der Phasenverschiebung

Influence of the Phase Shift

Zur Analyse des Einflusses der Phasenverschiebung werden Radsätze verwendet, die von HOHLE für akustische Untersuchungen anregungsarm ausgelegt wurden, vgl. Bild 5.1 [HOHL02]. Auf beiden Stufen wird jeweils ein makrogeometrisch gleicher Radsatz derart montiert, dass sich eine Gesamtübersetzung von $i_{ges} = 1$ ergibt. Die Großräder werden dazu auf der Verbindungswelle platziert. Somit liegen bei beiden Stufen gleiche Zahneingriffsfrequenzen und auch Stirneingriffsteilungen vor, sodass sich die Schwingungen der beiden Getriebestufen kompensieren oder verstärken können. Da im Gegensatz zu den bisher untersuchten Getriebekonfigurationen bei dieser Getriebevariante eine feste Phasenlage zwischen den Getriebestufen vorliegt, kann deren Einfluss auf das Anregungs- und Geräuschverhalten gezielt untersucht werden.

Bei der Einstellung der Phasenverschiebung zwischen den Getriebestufen werden ausgehend von den existierenden Passfedernuten neue Passfedernuten definiert. Dazu wurde zunächst auf einem Koordinatenmesszentrum der Verdrehwinkel zwischen Zahnmitte und Passfedernut an den Großrädern auf der Zwischenwelle bestimmt, vgl. Bild 9.4 im Anhang. Anschließend wurde die Lage von Passfedernuten für zwei definierte Phasenverschiebungen $\Delta p = 0{,}0$ und $\Delta p = 0{,}5$ ausgelegt und gefertigt. Das Großrad der zweiten Stufe bleibt dabei für beide Phasenverschiebungen auf der gleichen Position auf der Verbindungswelle. Die Phasenverschiebung wird dann über die Verdrehung des Großrads der ersten Stufe relativ zum Großrad der zweiten Stufe realisiert. Eine Phasenverschiebung von $\Delta p = 0{,}0$ weist auf einen gleichzeitigen Eingriffsbeginn bei beiden Stufen hin. Demgegenüber wird der Eingriffsbeginn der zweiten Stufe bei einer Phasenverschiebung von $\Delta p = 0{,}5$ um eine halbe Teilung verschoben, um mit Bezug auf den Stand der Technik ein reduziertes Anregungsverhalten zu untersuchen, vgl. Abschnitt 2.2.2. Die Auswirkungen der veränderten Phasenverschiebung auf die Geräuschentstehungskette werden nachfolgend schrittweise diskutiert.

Quasistatisches Anregungsverhalten

Zur Untersuchung des quasistatischen Anregungsverhaltens wird dasselbe Prüfprogramm wie bei den vorangegangenen Analysen verwendet. Die Auswertung erfolgt dabei einerseits auf Basis der Einzel-Drehfehler der beiden Getriebestufen und andererseits anhand des Gesamt-Drehfehlers zwischen An- und Abtriebswelle. Wie im vorangegangenen Abschnitt erläutert, wird zur Untersuchung des Einflusses der

Phasenverschiebung nur der relative Verdrehwinkel zwischen den Großrädern auf der Verbindungswelle verändert. Das bedingt, dass aufgrund der für beide Konfigurationen identischen Zahnräder für die Bilanzhülle der Einzel-Drehfehler keine Unterschiede zu erwarten sind. Diese Erwartung wird anhand der Ergebnisse in **Bild 5.13** bestätigt.

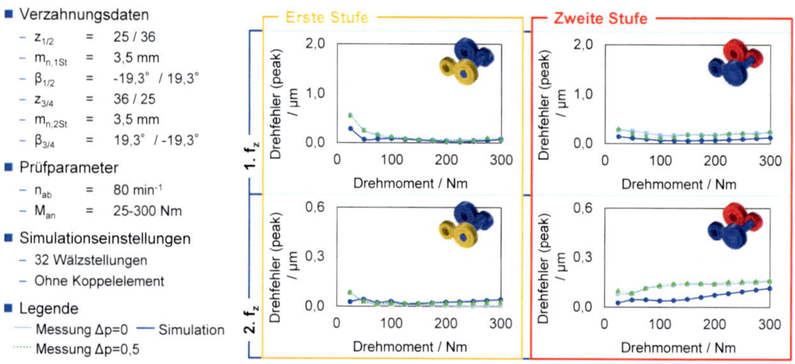

Bild 5.13: Quasistatisches Anregungsverhalten bei Phasenverschiebung: Einzel-Drehfehler
Quasi-Static Excitation Behavior for Phase Shift: Single Transmission Error

Die Messdaten sowohl für eine Phasenverschiebung $\Delta p = 0{,}0$ (hellblau-Variante V5) als auch für eine Phasenverschiebung $\Delta p = 0{,}5$ (gepunktet-Variante V6) sind für die erste und zweite Zahneingriffsordnungen der beiden Stufen nahezu identisch. Im Vergleich zu den Ergebnissen der Referenz und den weiteren untersuchten Varianten fällt das deutlich geringere Anregungsverhalten dieser Radsatzvarianten auf. Darüber hinaus kann außer einer geringen Anregungserhöhung bei geringem Drehmoment an der ersten Getriebestufe eine Drehmomentunabhängigkeit in dem betrachteten Drehmomentbereich des Drehfehlers festgestellt werden.

Beim Vergleich zwischen Messung und Simulation wird den beiden experimentellen Ergebnissen nur ein berechnetes Ergebnis gegenübergestellt, da auf beiden Stufen makro- und mikrogeometrisch identische Radsätze montiert sind und somit identische Eingangsgrößen für das Berechnungsmodell vorliegen. Dabei wird das Anregungsverhalten der ersten Stufe exakt vorhergesagt. Bei der zweiten Stufe wird der Anregungsverlauf über dem Drehmoment von der Simulation korrekt berechnet, wobei der Anregungspegel leicht unterschätzt wird.

Bei der Auswertung des Gesamt-Drehfehlers in **Bild 5.14** wird die Bilanzhülle um das Gesamtgetriebe gelegt. Die Auswertung des Drehfehlers erfolgt dabei in Bezug auf den Drehwinkel der Abtriebswelle in der Einheit µrad. An der Abtriebsstufe entspricht ein rotatorischer Drehfehler von $\Delta\varphi = 4\ \mu rad$ einem translatorischen Drehfehler von $\Delta s = 0{,}17\ \mu m$. Aufgrund der identischen Zahneingriffsfrequenzen der beiden Stufen kann keine Unterscheidung zwischen der ersten und zweiten Stufe getroffen werden und nur eine die beiden Stufen umfassende Gesamtauswertung erfolgen. Die Variante mit gleichzeitigem Eingriffsbeginn ($\Delta p = 0{,}0$) ist im mittleren Teil und die Variante mit einem um eine halbe Teilung verschobenen Eingriffsbeginn ($\Delta p = 0{,}5$) ist im rechten Bildteil abgebildet.

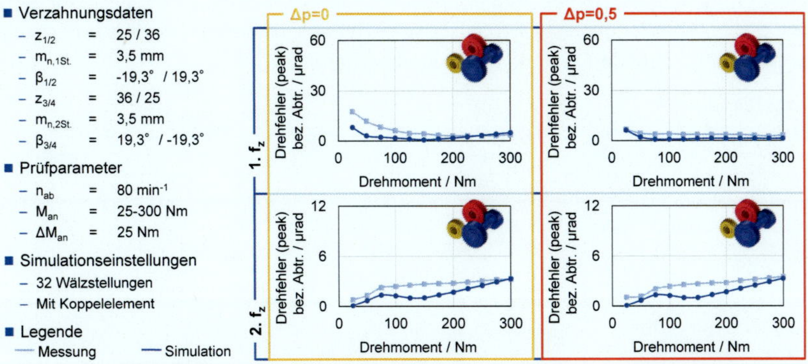

Bild 5.14: Quasistatisches Anregungsverhalten bei Phasenverschiebung: Gesamt-Drehfehler

Quasi-Static Excitation Behavior for Phase Shift: Total Transmission Error

Ohne Phasenverschiebung liegt bei geringem Drehmoment eine hohe Anregung vor, die zu mittleren Drehmomenten bis zu einem lokalen Minium abnimmt und dann eine konstante Anregung aufweist. Bei der phasenverschobenen Variante liegt das lokale Maximum ebenfalls beim geringsten Drehmoment. Über den weiteren Drehmomentbereich zeigt sich ein nahezu konstanter Schwingungsanteil der $1.f_z$ und damit eine geringe Drehmomentabhängigkeit. Der Vergleich der beiden Varianten zeigt bei der phasenverschobenen Variante im geringen Drehmomentbereich geringere Amplituden und damit schwingungskompensierende Effekte. Zu höheren Drehmomenten tritt der Effekt der Phasenverschiebung nicht stark hervor und die Anregungspegel der beiden Varianten gleichen sich an. Der Verlauf der zweiten Zahneingriffsordnung zeigt für beide Varianten mit steigendem Drehmoment eine erhöhte Anregung, wobei keine großen Unterschiede zwischen den Varianten festgestellt werden können.

Beim Vergleich zwischen Messung und Simulation kann der qualitative Verlauf der Anregung für beide Varianten abgebildet werden. Dabei zeigen sich geringe quantitative Unterschiede, die in der bereits bei der Analyse der Einzel-Drehfehler Unterschätzung der simulativen Werte der zweiten Stufe begründet liegen.

Daraus folgt, dass die Phasenverschiebung vor allem im von der abweichungsbasierten Weganregung relevante Anregungsanteile im Gesamt-Drehfehler aufweist. Mit zunehmendem Drehmoment und der damit steigenden Dominanz der steifigkeitsbedingten Parameteranregung wird der Einfluss der Phasenverschiebung geringer.

Dynamisches Anregungs- und Geräuschverhalten

Die eingangsseitigen Prüfparameter zur Untersuchung des dynamischen Anregungs- und Geräuschverhaltens sind identisch zum vorangegangenen Prüfprogramm, wobei bei der Untersuchung der Phasenverschiebung die Parameter zur Leistungsbestimmung an An- und Abtrieb aufgrund der Gesamtübersetzung von $i_{ges} = 1$ gleich sind.

Die Ergebnisse zum gleichzeitigen Eingriffsbeginn sind in **Bild 5.15** aufgeführt. Im Vergleich zur Referenz fällt der geringere Anregungspegel der ersten Stufe im Frequenzbereich bis $f = 2000\ Hz$ auf, was auf den im quasistatischen Drehfehler detektierten, niedrigeren Anregungspegel der in diesem Bereich wirkenden ersten und zweiten Zahneingriffsordnungen zurückgeführt werden kann.

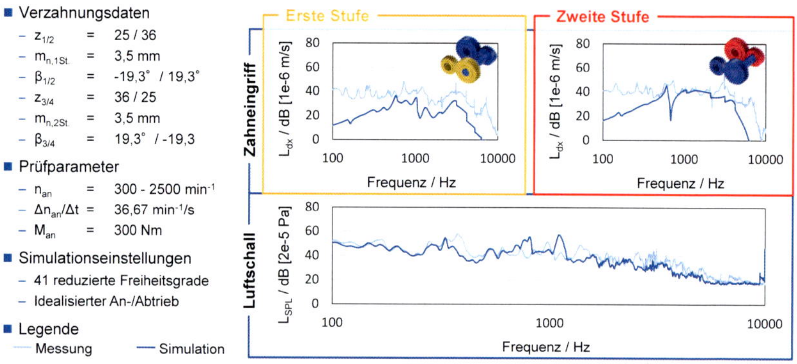

Bild 5.15: Dynamisches Anregungs- und Geräuschverhalten ohne Phasenverschiebung
Dynamic Excitation and Noise Behavior without Phase Shift

Beim Vergleich zwischen Messung und Simulation liegt eine qualitative Übereinstimmung im Frequenzbereich zwischen $f = 500\ Hz$ und $f = 5000\ Hz$ vor. Jedoch wird der Anregungspegel von der Simulation leicht unterschätzt. Im Frequenzspektrum der zweiten Stufe liegt in diesem Frequenzbereich ebenfalls eine hohe Übereinstimmung vor, wobei auch der Pegel von der Simulation abgebildet wird. Zu niedrigen Frequenzen treten an beiden Stufen Abweichungen zwischen Messung und Simulation auf, die in der Vernachlässigung langwelliger Anregungseffekte im simulativen Ansatz begründet liegen.

Die darauf aufbauende Analyse des Geräuschverhaltens in der unteren Bildzeile zeigt ebenfalls eine hohe Übereinstimmung zwischen Messung und Simulation. Aufgrund der höheren Anregungswerte in der Messung liegt der Luftschallpegel bei hohen Frequenzen leicht über dem synthetisierten Verlauf.

Die Analyse des dynamischen Anregungs- und Geräuschverhaltens bei der Variante mit Phasenverschiebung ist in **Bild 5.16** dargestellt. Dabei zeigen sich sowohl für die Auswertung im Zahneingriff als auch des Luftschalls sehr ähnliche Ergebnisse wie bei der Variante ohne Phasenverschiebung. Der Vergleich zwischen Messung und Simulation zeigt ebenfalls gleiche Tendenzen. Daraus lässt sich folgern, dass die Phasenverschiebung einen geringen Einfluss auf das dynamische Anregungs- und Geräuschverhalten aufweist.

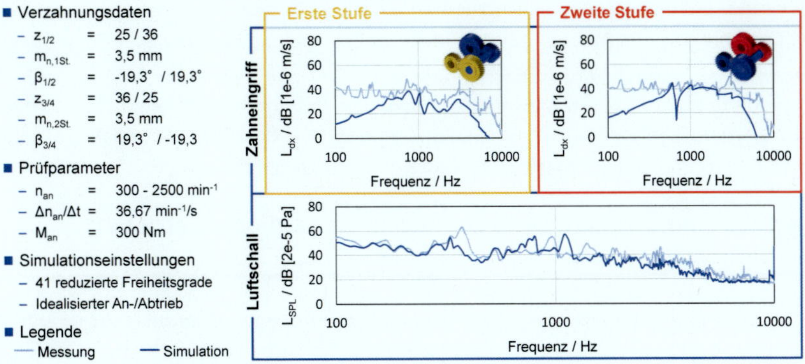

Bild 5.16: Dynamisches Anregungs- und Geräuschverhalten mit Phasenverschiebung
Dynamic Excitation and Noise Behavior with Phase Shift

Gehörbezogenes Geräuschverhalten

Abgeschlossen wird die Analyse des Einflusses der Phasenverschiebung durch die gehörbezogene Bewertung in **Bild 5.17**. Die wahrgenommene Lautheit liegt bei der phasenverschobenen Variante leicht erhöht im Vergleich zum gleichzeitigen Eingriffsbeginn. Für die weiteren psychoakustischen Metriken Schärfe, Tonhaltigkeit und Rauigkeit unterscheiden sich die Mittelwerte nicht. Gleichermaßen verhält es sich bezüglich der Auswertung des synthetisierten Luftschalls, bei dem auch die Lautheitswerte identisch sind. Folglich können ähnlich wie bei dem Einfluss des Schrägungswinkels ebenfalls keine maßgeblichen Unterschiede in der menschlichen Geräuschwahrnehmung bei der Bewertung von Getrieben mit Phasenverschiebung bestimmt werden.

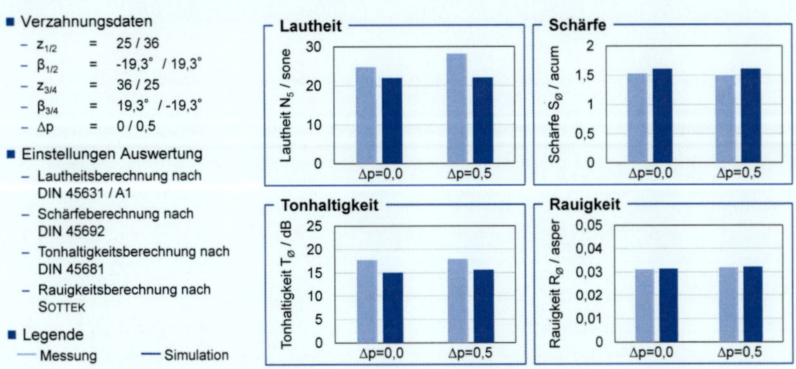

Bild 5.17: Gehörbezogenes Geräuschverhalten ohne und mit Phasenverschiebung
Hearing-Related Noise Behavior without and with Phase Shift

Zwischenfazit

Die Analyse des Einflusses der Phasenverschiebung auf die gehörbezogene Geräuschbewertung wird anhand von Getriebevarianten mit einer Gesamtübersetzung von $i_{ges} = 1$ untersucht. Die Phasenverschiebung wird dabei durch Verdrehen der

Zahnräder auf der Zwischenwelle zueinander realisiert, wodurch ein gleichzeitiger Eingriffsbeginn ($\Delta p = 0{,}0$) und ein um eine halbe Teilung versetzter Eingriffsbeginn ($\Delta p = 0{,}5$) untersucht wird. Bei der phasenverschobenen Variante kann der Gesamtdrehfehler zwischen An- und Abtrieb vor allem im niedrigen Drehmomentbereich reduziert werden. Die weiteren Kenngrößen entlang der Schallentstehungskette zeigen keine relevanten Unterschiede zwischen den Varianten.

5.4 Bestimmung der Lästigkeit von zweistufigen Getrieben

Determination of the Annoyance of Two-Stage Gearboxes

In den vorangegangenen Analysen wurde die gehörbezogene Geräuschbewertung auf Basis der psychoakustischen Metriken Lautheit, Schärfe, Tonhaltigkeit und Rauigkeit durchgeführt. Diese fokussieren auf verschiedenen Geräuscheindrücken, die aus dem Gesamtgeräusch separiert werden. Für die Anwendung dieser Metriken in der Auslegung und zur Bewertung des Geräuschverhaltens ist die Zusammenführung der verschiedenen Geräuscheindrücke in einen Kennwert wünschenswert. Eine Kenngröße zur Beurteilung der Geräuschqualität ist die Lästigkeit, für die verschiedene Ansätze in der Literatur bestehen [KLEM05, FAST07, PANN08, FING09, ELLE16, HAME18]. Jedoch ist die Geräuschqualität von technischen Geräuschen ein hochgradig kontext- und produktspezifisches Merkmal. Daher sind die Ansätze jeweils nur für eingeschränkte Anwendungsgebiete gültig. Für zweistufige Getriebe existiert derzeit keine ganzheitliche Lästigkeitsbeschreibung. Im Folgenden wird daher zunächst die Konzeptionierung und Durchführung von Hörversuchen beschrieben. Das Ziel der Hörversuche ist es, die komplexen Geräuschwahrnehmungen in Einzahlwerte zu überführen und schließlich die messbaren instrumentellen Größen mit der quantifizierten Lästigkeit zu verknüpfen. Als Ergebnis wird eine Berechnungsformel der Lästigkeit für zweistufige Getriebe abgeleitet.

5.4.1 Konzeptionierung und Durchführung von Hörversuchen

Design and Conduction of Hearing Tests

Zur Konzeptionierung und Durchführung der Hörversuche stehen verschiedene Vorgehensweisen zur Verfügung. Eine Möglichkeit stellt die Kategorienskala dar, bei der die Geräuschwahrnehmung in Kategorien (z.B. von *nicht* bis *sehr*) eingeteilt wird. Nachteilig bei diesem Verfahren ist, dass Versuchsteilnehmer die Skala unterschiedlich ausnutzen und dass die Wahrnehmung durch das vorherige Geräusch beeinflusst sein kann. Zur Unterscheidung von sehr ähnlichen Geräuschen eignet sich vielmehr der Paarvergleich. Dabei werden jeweils zwei Geräusche nacheinander abgespielt und hinsichtlich eines vorgegebenen Kriteriums, hier die Lästigkeit, verglichen. Beim Dominanzpaarvergleich werden die Versuchsteilnehmer gezwungen, eine Entscheidung zu treffen, welches Geräusch für sie lästiger ist. Dadurch wird vermieden, dass unsichere Versuchsteilnehmer der Entscheidung ausweichen. Die Ergebnisse liegen zunächst als Rangskala vor und können mit Hilfe des Law of Comparative Judgement auf Intervallskalenniveau transformiert werden [THUR27]. Nachteilig ist die hohe Anzahl an notwendigen Vergleichen, was den Test sehr zeitaufwendig macht [ELLE08,

HEAD11]. Aufgrund der genannten Vorteile wird der Dominanzpaarvergleich als Grundkonzept für die Hörversuche ausgewählt.

Bisherige Lästigkeitsmetriken zeigen einen dominanten Einfluss der Lautheit [FAST07 S.327, ELLE16 S.10]. Hörversuche mit einem weiten Bereich der Lautheit können die Gefahr aufweisen, dass weitere akustische Merkmale aufgrund des dominierenden Einflusses der Lautheit nicht als relevant eingestuft werden. Daher werden zwei Hörversuche konzipiert. Beim ersten Versuch (nachfolgend: *Gesamt*) unterscheiden sich die Hörbeispiele hinsichtlich aller instrumentellen Größen (Lautheit, Schärfe, Tonhaltigkeit, Rauigkeit). Beim zweiten Versuch wird die Lautheit nahezu konstant gehalten ($N = \pm 0{,}2\ sone$), um die bei zweistufigen Getrieben relevanten Anregungseffekte durch Schwebungs- und Konsonanzeffekte näher zu untersuchen (nachfolgend: *gleiche Lautheit*). Für jeden Hörversuch wird die Anzahl an Geräuschen geringgehalten und 10 Stimuli ausgewählt, sodass jeder Hörversuch 45 Paarvergleiche umfasst. Durch die gewählte Anzahl an Stimuli werden Ermüdungserscheinungen der Testpersonen vermieden.

Zur Durchführung der Hörversuche wird eine MATLAB-basierte graphische Benutzeroberfläche (GUI) entwickelt, die sich in drei Abschnitte analog zum Ablauf des Hörversuchs unterteilt. Der erste Teil besteht einerseits aus einer schriftlichen Einführung und Erklärung des Hörversuchs. Andererseits werden persönliche Informationen abgefragt, um einen Überblick über alle Teilnehmer zu erhalten. Im anschließenden Trainingsteil werden die Versuchsteilnehmer gebeten, sich die Geräusche als Teil des Fahrgeräuschs vorzustellen. Anhand von zwei Beispielen können sich die Teilnehmer mit dem Testablauf vertraut machen, um Unsicherheiten im Anfangsteil des eigentlichen Hörversuchs auszuschließen. Jedes der beiden Geräusche muss einmal durch die Versuchsteilnehmer aktiviert werden, bevor eine Bewertung hinsichtlich der Lästigkeit möglich ist. Sind sich die Versuchsteilnehmer nicht sicher, kann jedes Geräusch einmal wiederholt werden, woraufhin eine Entscheidung getroffen werden muss. Dadurch können unerwartete Wiedergaben vermieden und die Konzentration der Testpersonen gesteigert werden. Anschließend können die Testpersonen den nächsten Vergleich starten. Das Vorgehen im Trainingsteil wird analog im dritten Teil, dem eigentlichen Hörversuch, umgesetzt. Ein Ausschnitt aus der Hörversuchs-GUI ist in **Bild 5.18** links dargestellt. Die Reihenfolge der Paarvergleiche wird in jedem Test randomisiert, um Reihenfolgeeffekte durch sukzessive Darbietung der Stimuli auszuschließen.

Alle Hörversuche wurden am WZL mit einem konstanten Versuchsaufbau durchgeführt (Kopfhörer: Audio Technica ATH-M50). Ein Überblick zu den Versuchsteilnehmern ist im rechten Teil von Bild 5.18 dargestellt. Von den insgesamt 53 Probanden sind 42 Männer und 11 Frauen im Alter zwischen 19 und $62\ Jahren$. Das Durchschnittsalter liegt bei $32{,}4\ Jahren$ $(\sigma = 11{,}5\ Jahre)$. Bei 36 Teilnehmern handelt es sich um Laien im akustischen Sinne, da diese angaben, sich weder beruflich noch privat (z.B. musikalisch) mit dem Fachgebiet der Akustik zu beschäftigen. Eine Versuchsperson gab an, eine Höreinschränkung aufzuweisen, weshalb deren Ergebnisse von den weiteren Analysen ausgeschlossen werden. Die Dauer jedes Hörversuchs (*Gesamt* und *gleiche*

Lautheit) dauerte im Schnitt $t = 10{,}5\ min$, wobei die gesamte Versuchsdauer inklusive Testphase bei $t = 23\ min$ lag. Ermüdungseffekte der Teilnehmer lassen sich ausschließen.

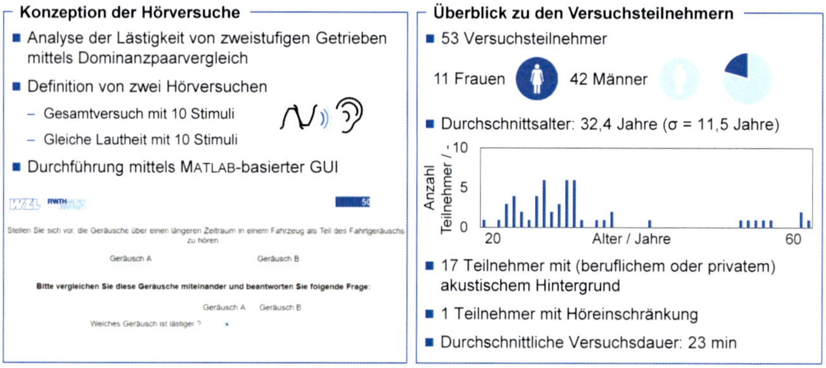

Bild 5.18: Einführung in die Hörversuche
Introduction to the Hearing Tests

5.4.2 Synthese und Auswahl der Stimuli

Synthesis and Selection of Stimuli

Die Analyse der bisher vorgestellten Messdaten des Prüfaufbaus zeigt, dass nicht in allen instrumentellen Größen eine weite Spreizung vorliegt. Daher wurden neue Varianten auf Basis des Prototypenaufbaus synthetisiert, mit denen weitere Bereiche der psychoakustischen Metriken abgedeckt werden und valide Hörversuche durchgeführt werden können. Das Modell zur Luftschallsynthese der Stimuli für den Hörversuch basiert auf der Luftschallsynthese aus Abschnitt 4.4.1 und ist in **Bild 5.19** links dargestellt.

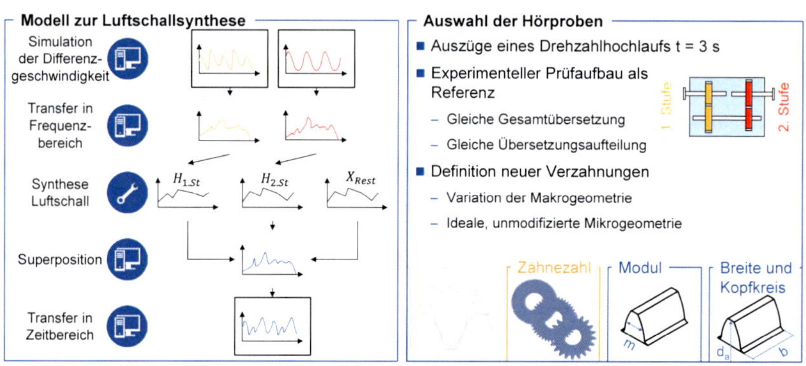

Bild 5.19: Synthese der Hörproben
Synthesis of Audio Samples

Mit dem dynamischen Mehrkörpersimulationsprogramm DYNEX1D werden Simulationsergebnisse der beiden Getriebestufen berechnet. Nach der Transformation in den Frequenzbereich werden die aus dem Experiment ermittelten Übertragungsfunktionen auf die Eingangssignale angewendet. Die Übertragungsfunktionen werden auf Basis eines signaltheoretischen Ansatzes ermittelt [BEND10 S.207 ff]. Als Eingangssignal dienen die gemessenen Differenzgeschwindigkeiten der beiden Getriebestufen. Die Differenzgeschwindigkeit entspricht der zeitlichen Integration der in den Versuchen gemessenen Differenzbeschleunigung. Das Ausgangssignal stellt der gemessene Luftschall dar. Mit diesem Vorgehen werden die beiden verzahnungsabhängigen Übertragungsfunktionen $H_{1.St}$ und $H_{2.St}$ sowie das verzahnungsunabhängige Restsignal X_{Rest} ermittelt. Die synthetisierten Geräuschanteile der beiden Getriebestufen werden schließlich mit dem Restsignal superponiert und in den Zeitbereich zurücktransformiert.

Ausgangspunkt für die Auswahl der Verzahnungsvarianten ist der zur Methodenentwicklung verwendete Referenzaufbau. Die Einzelübersetzungen der beiden Stufen betragen $i_1 = i_2 = 1{,}45$, was zu einer Gesamtübersetzung von $i_{ges} = 2{,}1$ führt. Darauf basierend werden neue Verzahnungen mit gleicher Übersetzungsaufteilung ausgelegt. Die Zähnezahlen werden stets so gewählt, dass der größte gemeinsame Teiler (GGT) von Ritzel und Rad $GGT = 1$ ist. Außerdem wird die Makrogeometrie so ausgelegt, dass gleiche Überdeckungsverhältnisse vorliegen, vgl. ausgegrauter Bereich in Bild 5.19. Zudem werden ein gleicher Achsabstand, eine vergleichbare Schwankung des Summendrehfehlers sowie gleiche Eingriffs- und Schrägungswinkel vorgesehen. Zur Erzielung der gleichen Einzelübersetzung werden neben der Zähnezahl, der Modul, die Zahnbreite, der Kopfkreis und die Profilverschiebung angepasst, vgl. Bild 5.19 rechts. Hinsichtlich der Mikrogeometrie werden ideale Verzahnungen betrachtet, sodass keine Modifikationen der Zahnflanke einbezogen werden. Aus dieser Variation ergeben sich 11 Radsatzvarianten, vgl. **Tabelle 5.1**. Durch die vollfaktorielle Kombination der Radsätze umfasst die Synthese folglich 121 Getriebevarianten.

Tabelle 5.1: Übersicht zu den Radsatzvarianten
Overview of Gear Sets Variants

Nr.	z_1	z_2	i_1	Nr.	z_1	z_2	i_1
1	19	28	1,47	7	25	36	1,44
2	20	29	1,45	8	26	37	1,42
3	21	31	1,48	9	27	38	1,41
4	22	31	1,41	10	28	41	1,46
5	23	33	1,43	11	29	42	1,45
6	24	35	1,46				

Für jede Getriebevariante wird ein Drehzahlhochlauf mit DYNEX1D simuliert und der Luftschall synthetisiert. Als Stimulilänge werden 3 Sekunden festgelegt, um einerseits den Geräuschcharakter der Hochläufe zu erhalten und andererseits die Rückführung auf instrumentelle Größen zu ermöglichen. Aus den 121 Getriebevarianten werden jeweils 10 Varianten als Stimuli für die beiden Hörversuche ausgewählt, sodass eine weite Spreizung der instrumentellen Messgrößen realisiert wird.

5.4.3 Auswertung und Ermittlung einer Berechnungsformel

Evaluation and Determination of a Calculation Equation

Die Ergebnisse jeder Testperson liegen in einer quadratischen Matrix vor, die als Dominanzmatrix bezeichnet wird. Die Anzahl der Zeilen und Spalten entspricht der Anzahl der Stimuli. In die Matrix wird an der Stelle (i,j) eine 1 eingetragen, wenn der Stimuli in Zeile i lästiger als der Stimuli in Spalte j wahrgenommen wird. Parallel wird eine 0 in die Zelle mit Zeile j und Spalte i eingetragen. Die Zeilensumme der Dominanzmatrix gibt eine erste Rangskala über die Lästigkeit der Stimuli an.

Für jede Testperson liegt folglich eine Dominanzmatrix für jeden der beiden Hörversuche vor. Zu Beginn der Auswertung wird zunächst bei jeder Testperson einzeln überprüft, ob die Paarvergleichsurteile widerspruchsfrei abgegeben wurden, was als Konsistenz bezeichnet wird. Anschließend wird für alle Testpersonen die Konkordanz berechnet, die die Übereinstimmung der Paarvergleichsurteile für mehrere Probanden beschreibt [BORT00 S.489-499]. Konsistente Urteile liegen dann vor, wenn ein Geräusch A lästiger als die Geräusche B und C wahrgenommen wird, vgl. **Bild 5.20**. Wird Geräusch A lästiger als B, B lästiger als C und C lästiger als A eingestuft, liegt eine inkonsistente Antwort vor, was als zirkuläre Triade bezeichnet wird. Für jede Testperson wird der Konsistenzkoeffizient K berechnet. Der Konsistenzkoeffizient setzt die Anzahl der zirkularen Triaden d in Bezug auf die mathematisch bedingt maximal mögliche Anzahl zirkulärer Triaden d_{max}. Darauf aufbauend kann mittels χ^2-Test statistisch überprüft werden, ob die Anzahl an zirkulären Triaden statistisch signifikant ist. Falls der ermittelte χ^2-Wert größer als der kritische Wert ist, hat die Testperson konsistent geantwortet. Die konsistenten Urteile werden im nächsten Schritt auf Konkordanz nach KENDALL untersucht [KEND75, BORT00 S.493-499]. Das Ergebnis der Konkordanzprüfung liegt in Form das Akkordanzmaßes A vor. Die statistische Signifikanz der Konkordanzprüfung wird ebenfalls anhand des χ^2-Tests überprüft.

Liegen sowohl konsistente als auch konkordante Ergebnisse vor, können mittels des Law of Comparative Judgement nach THURSTONE die als Rangskala vorliegenden Ergebnisse in eine Intervallskala umgewandelt werden [THUR27]. In der Datenanalyse wird dazu zwischen Nominal-, Rang-, Intervall- und Verhältnisskalen unterschieden, vgl. Bild 5.20. Ordinalskalen werden nur für qualitative Merkmale verwendet. Während eine Rangskala keine Abstände, sondern nur Reihenfolgen zwischen den Varianten zulässt, sind in einer Intervallskala die Abstände interpretierbar. Die höchstwertige Skala stellt die Verhältnisskala dar, bei der ein absoluter Nullpunkt vorhanden ist und dadurch Verhältnisse interpretierbar werden [ELLE16 S.14]. Zur Skalentransformation nach THURSTONE wird die relative Häufigkeitsmatrix verwendet, die aus der Summe der Dominanzmatrizen aller Testpersonen dividiert durch die Anzahl an Testpersonen berechnet wird. Im Rahmen dieser Arbeit wird die Skalenbildung anhand des Falls V nach THURSTONE verwendet [FRED10]. Da bei Intervallskalen im Gegensatz zu Verhältnisskalen kein natürlicher Nullpunkt existiert, vgl. Bild 5.20 unten links, wird der

Nullpunkt auf den geringsten Lästigkeitswerts festgelegt. Die Skala ist folglich im positiven und negativen Zahlenbereich anwendbar.

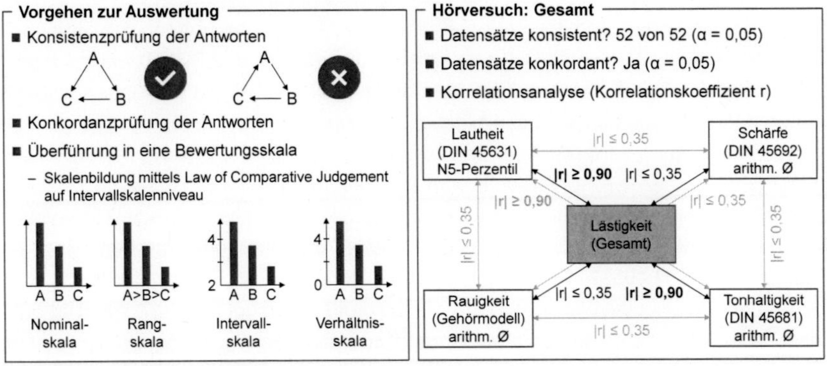

Bild 5.20: Auswertung des Hörversuchs: *Gesamt*
Evaluation of the Hearing Test: Total

Das beschriebene Vorgehen stellt die Basis für die Auswertung der beiden Hörversuche *Gesamt* und *gleiche Lautheit* dar. Durch die beim ersten Hörversuch stark variierende Lautheit antworteten alle Versuchsteilnehmer konsistent (bei einem Signifikanzniveau von $\alpha = 0{,}05$). Das Akkordanzmaß beträgt $A = 0{,}66$ und ist ebenfalls statistisch signifikant ($\alpha = 0{,}05$). Anhand der oben beschriebenen Vorgehensweise werden die Lästigkeitswerte bestimmt. Mittels linearem Regressionsmodell wird der Zusammenhang zwischen den unabhängigen Eingangsvariablen, den psychoakustischen Metriken als instrumentelle Größen, und der abhängigen Zielvariable, der Lästigkeit, hergestellt. Dazu wird zunächst geprüft, ob die abhängige Variable von den unabhängigen Variablen abhängt. Als unabhängige Variablen werden das 5 %-Perzentil der Lautheit, die Mittelwerte der Schärfe nach DIN 45692, die Mittelwerte der Tonhaltigkeit nach DIN 45681 sowie die Mittelwerte der Rauigkeit nach Gehörmodell auf Zusammenhang mit der Lästigkeit verglichen.

Dabei weisen nur die Lautheit und die Tonhaltigkeit relevante Korrelationskoeffizienten $|r| > 0{,}9$ auf, vgl. Bild 5.20 rechts. Neben der Korrelationsanalyse zwischen Ein- und Ausgang werden die Interkorrelationen zwischen den Eingangsvariablen untersucht. Die Korrelationskoeffizienten zwischen den für die Lästigkeit relevanten Eingangsvariablen sind sehr hoch ($|r| > 0{,}9$). Durch Verwendung von Eingangsvariablen mit, wie in diesem Fall, starken Korrelationen kommt es zu Multikollinearität, weshalb nur unabhängige Eingangsvariablen in die Regressionsanalyse einbezogen werden dürfen. Ein sinnvoll abgeleitetes Regressionsmodell würde für den Hörversuch *Gesamt* folglich als einzige unabhängige Variable die Lautheit berücksichtigen. Da der dominierende Einfluss der Lautheit aus der Literatur bereits bekannt ist und weitere Anregungseffekte bei zweistufigen Getrieben dadurch nicht detektiert werden, wird keine Regressionsanalyse für diesen Hörversuch durchgeführt.

Die Auswertung des zweiten Hörversuchs mit *gleicher Lautheit* zeigt eine erhöhte Anzahl zirkulärer Triaden in den Antworten der Versuchsteilnehmer. Eine Testperson musste aufgrund inkonsistenter Antworten ausgeschlossen werden ($\alpha = 0{,}05$). Aufgrund des fehlenden dominierenden Einflusses der Lautheit variiert das Entscheidungskriterium der Testpersonen, was sich im Akkordanzmaß $A = 0{,}30$ widerspiegelt. Dabei zeigt der Signifikanztest, dass trotz des niedrigeren Akkordanzmaßes die Antworten der Testpersonen weit überzufällig übereinstimmend sind und folglich für die weitere Auswertung verwendet werden können ($\alpha = 0{,}05$). Zur Bildung des Regressionsmodells des zweiten Hörversuchs wird ebenfalls zunächst die Korrelation zwischen Ein- und Ausgang überprüft. Als Eingangsgrößen werden alle im ersten Hörversuch genannten Metriken einbezogen. Dabei weisen die psychoakustischen Metriken Schärfe nach DIN 45692, Tonhaltigkeit nach DIN 45681 und Rauigkeit nach Gehörmodell nach Sottek die höchsten Korrelationskoeffizienten auf $|r| > 0{,}7$, vgl. **Bild 5.21** links. Aufgrund der gleichen Lautheit ist der Korrelationskoeffizient für die N_5 Lautheit in diesem Fall nicht dominant, wird aber dennoch aufgrund der Erkenntnisse aus dem ersten Hörversuch und dem Stand der Technik in die Regressionsanalyse einbezogen. Die Analyse der Interkorrelationen zeigt meist geringe Interkorrelationen, sodass die vier Metriken verwendet werden.

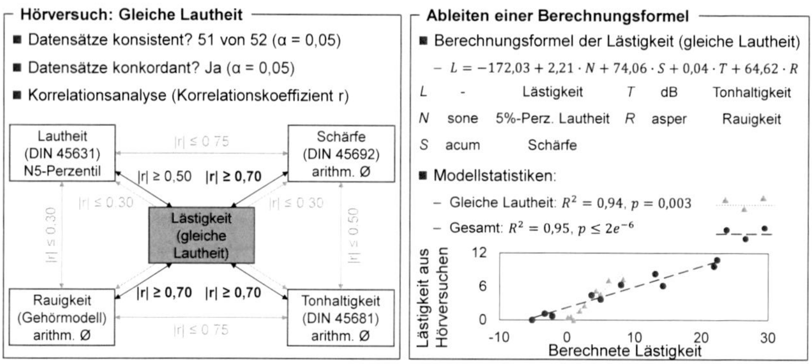

Bild 5.21: Auswertung des Hörversuchs: *Gleiche Lautheit* und Ableiten einer Berechnungsformel

Evaluation of the Hearing Test: Equal Loudness and Derivation of a Calculation Formula

Zur Bestimmung der Berechnungsformel der Lästigkeit wird ein Regressionsmodell abgeleitet, das den Zusammenhang zwischen den vier psychoakustischen Metriken und der Lästigkeit aus dem Hörversuch herstellt. Die hergeleitete Formel ist in Bild 5.21 oben rechts dargestellt. Mit der Formel können 94 % der Varianz ($R^2 = 0{,}9397$) mit einem p-Wert der F-Statistik von $p = 0{,}003$ aufgeklärt werden, vgl. Bild 5.21 unten. Die positiven Vorzeichen der Regressionskoeffizienten bedeuten, dass ein Anstieg der psychoakustischen Größe auch zu einem Anstieg der Lästigkeit führt. Durch Verwendung der Rauigkeit können dabei Konsonanzeffekte durch veränderliche Frequenzverhältnisse berücksichtigt und somit dissonant abgestimmte

Zahneingriffsordnungen der beiden Stufen durch die höheren Rauigkeitswerte in der Lästigkeit identifiziert werden. Darüber hinaus wird die Berechnungsformel auf die Ergebnisse des ersten Hörversuchs *Gesamt* angewendet. Auch hier kann das Berechnungsmodell 95 % der Varianz aufklären ($R^2 = 0{,}9485$) mit einem p-Wert von $p = 1{,}96e - 6$.

Auf Basis der synthetisierten Luftschallsignale von zweistufigen Getrieben konnte auf Basis der Hörversuche eine Metrik zur Bestimmung der Lästigkeit aufgestellt werden. Die Metrik ist in der Lage, sowohl die dominierende Lautheit als auch bei gleichlauten Geräuschen Unterschiede zwischen den Stimuli aufzuzeigen. Die Metrik kann daher genutzt werden, zweistufige Getriebe im Hinblick auf die Lästigkeit auszulegen. Wie bei allen anhand von Hörversuchen bestimmten Metriken ist die Gültigkeit der Berechnungsformel auf zweistufige Getriebe beschränkt.

5.4.4 Vergleich der Getriebe anhand der Lästigkeit

Comparison of the Gearboxes based on Annoyance

Die entwickelte Lästigkeitsmetrik wird sowohl auf das Referenzgetriebe als auch auf die in diesem Kapitel bereits diskutierten Getriebevarianten mit variierender Zähnezahl, Schrägungswinkel und Phasenverschiebung angewendet. Darüber hinaus wird eine Variante V7 analysiert, bei der die Flankenlinien-Winkelabweichung auf der ersten Stufe einen konstanten Abweichungsbetrag innerhalb IT7 und auf der zweiten Stufe von IT8 aufweist. Die ausführlichen Ergebnisse entlang der Schallentstehungskette sind im Anhang (Bild 9.5 bis Bild 9.7) aufgeführt. Der Vergleich der Lästigkeit ist in **Bild 5.22** dargestellt. Die Referenz wird dabei in Messung und Simulation am lästigsten wahrgenommen. Dies kann vor allem auf die hohe Lautheit und Tonhaltigkeit bei dieser Variante zurückgeführt werden. Die Simulation unterschätzt dabei bis auf die Rauigkeit die anderen Metriken, was zu einer Differenz zwischen Messung und Simulation führt. Der dominierende Einfluss der Lautheit zeigt sich ebenfalls bei den Varianten mit veränderter Zähnezahl V1 und V2. Mit abfallender Lautheit nimmt auch die Lästigkeit ab, vgl. Bild 5.6.

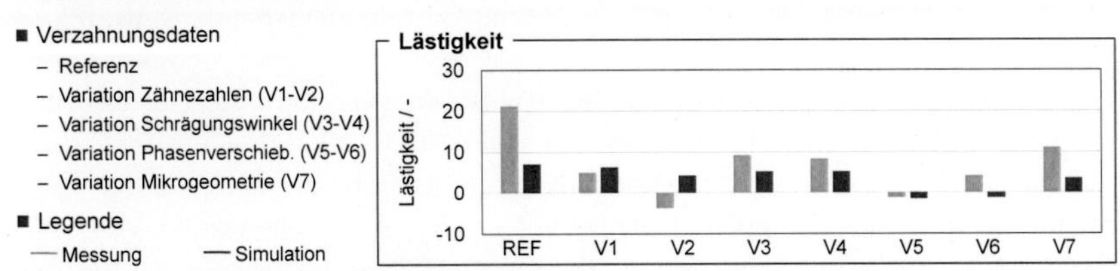

Bild 5.22: Lästigkeit der Getriebevarianten

Annoyance of the Gearbox Variants

Die Varianten mit verändertem Schrägungswinkel V3 und V4 weisen sowohl in Messung als auch in der Simulation gleiche Lästigkeitswerte auf. Das bestätigt die gehörbezogene Auswertung auf Basis der vier betrachteten psychoakustischen Metriken in Bild 5.12. Die letzte Variante V7 weist dieselbe Makrogeometrie wie V3 auf. Aufgrund der durch die Flankenlinien-Winkelabweichung höheren Anregung wird die Variante lästiger wahrgenommen. Bei den Varianten V5 und V6 mit einer Gesamtübersetzung $i_{ges} = 1$ wird die Variante V6 aufgrund der höheren Lautheit etwas störender und unangenehmer wahrgenommen. In der Simulation liegen die Lästigkeitswerte auf gleichem Niveau.

Mit der entwickelten Metrik können folglich Geräusche als Einzahlwert bewertet werden. Dabei werden die Metriken Lautheit, Schärfe, Tonhaltigkeit und Rauigkeit in die Auswertung einbezogen, wobei wie in bestehenden Metriken die Lautheit die dominierende Einflussgröße ist. In Bezug auf die auf Basis des Synthesemodells ausgewertete Lästigkeit treten im Vergleich zur Messung Abweichungen auf, wobei jedoch Tendenzen erkennbar bleiben und die Vergleichbarkeit zwischen Varianten im Paarvergleich möglich sind.

5.5 Fazit

Conclusion

Die gehörbezogene Bewertung von Getriebegeräuschen anhand der psychoakustischen Metriken fokussiert auf verschiedenen Aspekten des Gesamtgeräuschs. Zur Bewertung des Einflusses variierender Getriebeparameter werden Getriebevarianten definiert, die sich hinsichtlich der Zähnezahlen, Schrägungswinkel, Mikrogeometrie und Phasenverschiebung unterscheiden. Das Anregungs- und Geräuschverhalten dieser Varianten wird sowohl auf Basis der Messdaten als auch auf Basis der entwickelten Berechnungskette schrittweise entlang der Geräuschentstehungskette diskutiert.

Bei der Variation der Zähnezahl zeigt sich, dass vor allem die damit einhergehende Veränderung der Zahneingriffsfrequenzen Einfluss auf das Geräuschverhalten hat. Die Eigenfrequenzen werden von anderen Harmonischen der Zahneingriffsfrequenzen angeregt, was zu einer erhöhten oder verringerten Anregung führt. Dies ist sowohl in den gemittelten Frequenzspektren der Differenzgeschwindigkeiten und des Luftschalls als auch in der daraus resultierenden Lautheit zu detektieren.

Die Schwingungseinleitung der Axialschwingungen in die umgebende Struktur kann durch die Veränderung der resultierenden Axialkraft an der Verbindungswelle durch eine angepasste Wahl der Schrägungswinkel reduziert werden. Hinsichtlich des Anregungs- und Geräuschverhaltens treten keine relevanten Unterschiede zwischen den Varianten auf. Gleiches gilt für die Varianten mit Phasenverschiebung, für die Getriebevarianten mit einer Gesamtübersetzung von $i_{ges} = 1$ ausgelegt wurden. Verglichen werden dabei ein gleichzeitiger und ein um eine halbe Teilung verschobener Eingriffsbeginn der beiden Stufen. Davon beeinflusst wird der Gesamt-Drehfehler zwischen An- und Abtrieb, bei dem bei der phasenverschobenen Variante vor allem bei niedrigen Drehmomenten eine gleichmäßigere Drehübertragung erzielt werden kann.

Zur Zusammenfassung der vier verschiedenen, psychoakustischen Metriken in einen Kennwert und zur Anwendung der gehörbezogenen Bewertung in der Auslegung wurden Hörversuche durchgeführt. Auf Basis der Hörversuche wird eine Metrik zur

Bestimmung der Lästigkeit von zweistufigen Getrieben abgeleitet und auf die Varianten angewendet, womit die Erreichung von Teilziel 2 abgeschlossen ist. Dominierende Einflussgröße ist dabei die Lautheit, wobei auch Varianten gleicher Lautheit durch bei zweistufigen Getrieben auftretende Modulationseffekte durch die Rauigkeit bewertet werden können.

6 Anwendung in der Auslegung

Application in the Design

Das Anregungs- und Geräuschverhalten von Zahnradgetrieben wird maßgeblich durch die Wechselwirkung zwischen Anregung im Zahneingriff und dem Systemverhalten des Antriebsstrangs bestimmt [KUBU04]. In der Verzahnungsauslegung wird diese dynamische Wechselwirkung durch Bewertung des Anregungsverhaltens mittels quasistatischer Kenngrößen oft nicht berücksichtigt. Darüber hinaus wird die menschliche Geräuschwahrnehmung zu Beginn des Auslegungsprozesses ebenfalls nicht einbezogen. Daher wird im Folgenden die in Kapitel 4 validierte Berechnungskette zur Synthese des dynamischen Anregungs- und Geräuschverhaltens in eine Auslegungsmethode integriert. In der Variantenbewertung werden die üblichen Zielgrößen wie Tragfähigkeit und Wirkungsgrad um die in Abschnitt 5.4 entwickelte Lästigkeitsmetrik zur Berücksichtigung des menschlichen Gehöreindrucks ergänzt. In Kombination wird die Auslegungsmethode dazu verwendet, um einerseits das zur Methodenentwicklung genutzte Referenzgetriebe zu optimieren. Andererseits wird die Methode auf ein Demonstratorgetriebe aus dem Bereich der E-Mobilität angewendet und der Einfluss verschiedener Zielgrößen diskutiert.

6.1 Auslegungsmethode unter Berücksichtigung dynamischer Anregungseffekte

Design Method Considering Dynamic Excitation Effects

Durch Einbeziehung der Analyse des dynamischen Anregungs- und Geräuschverhaltens in einem frühen Auslegungsschritt kann die Entwurfsqualität gesteigert werden. Gleichzeitig wird die Berechnungsdauer pro Variante durch den höheren Aufwand zur Signalsynthese erhöht, sodass eine vollfaktorielle Variantenrechnung nicht mehr wirtschaftlich ist. Stattdessen kann auf naturanaloge Optimierungsalgorithmen zurückgegriffen werden, die den Berechnungsaufwand bei Beibehaltung der Simulationsgüte reduzieren. Der Aufbau der Auslegungsmethode bestehend aus Verzahnungsauslegung und Berechnung des Einsatzverhaltens kombiniert mit einem naturanalogen Optimierungsalgorithmus wird nachfolgend beschrieben. Zur Bewertung der Getriebevarianten werden neben der Lästigkeit die weiteren in der Getriebeauslegung gebräuchlichen Zielgrößen Masse, Verlustgrad (als Pendant zum Wirkungsgrad), Tragfähigkeit nach Norm, Pressung und Lastverteilung entlang der Zahnbreite verwendet. Die Ermittlung dieser Größen sowie deren Zusammenführung in einer dimensionslosen Zielfunktion wird im Anschluss an den Methodenaufbau vorgestellt.

6.1.1 Aufbau der Auslegungsmethode

Setup of the Design Method

Die entwickelte Auslegungsmethode kombiniert die Auslegung der Verzahnungen mit einer dynamischen Berechnung des Einsatzverhaltens. Das iterative Vorgehen ist in **Bild 6.1** dargestellt. Als Eingaben werden das Eingangsdrehmoment, die

Gesamtübersetzung und weitere Größen, wie beispielsweise die maximale Antriebsdrehzahl, benötigt. Ebenfalls werden Randbedingungen vorgegeben. Dazu zählen besonders die Parameterbereiche der Variationsparameter und die Gewichtungsfaktoren für die Auswertung. In der vorliegenden Auslegungsmethode werden für beide Stufen der Normaleingriffswinkel α_n, die Überdeckungen ε_α und ε_β, das Breite-Durchmesser-Verhältnis b/d_1 und die Übersetzungsaufteilung als Variationsparameter verwendet. Außerdem kann die Auslegung der Mikrogeometrie ebenfalls über den Algorithmus vorgenommen werden. In diesem Fall werden die Variationsparameter um die Profil- ($f_{H\alpha}$) und Flankenlinienwinkelabweichung ($f_{H\beta}$) sowie Profil-(C_α) und Breitenballigkeit (C_β) der beiden Stufen erweitert.

Darüber hinaus kann der Achsabstand bereits festgelegt werden, falls dieser aufgrund eines bestehenden Konzepts nicht frei wählbar ist. Basierend auf den Eingabegrößen und Randbedingungen werden im ersten Schritt die Verzahnungen ausgelegt. Dazu wird in Anlehnung an das Vorgehen nach NAUNHEIMER Achsabstand und Modul nach ISO 6336 bestimmt [NAUN07 S.248–251, ISO19b, ISO19c]. Die Grübchen- und Zahnfußtragfähigkeit sind notwendige Kriterien und werden in der späteren Auswertung nicht als Qualitätskriterien verwendet. Varianten, die eine geforderte Mindestsicherheit unterschreiten, werden bereits in diesem Schritt aussortiert. Ebenfalls nicht weiterverfolgt werden Varianten, die Unterschnitt, ein zu geringes Kopfspiel oder eine zu geringe Zahnkopfdicke aufweisen sowie deren größter gemeinsamer Teiler der Zähnezahlen größer als eins ist.

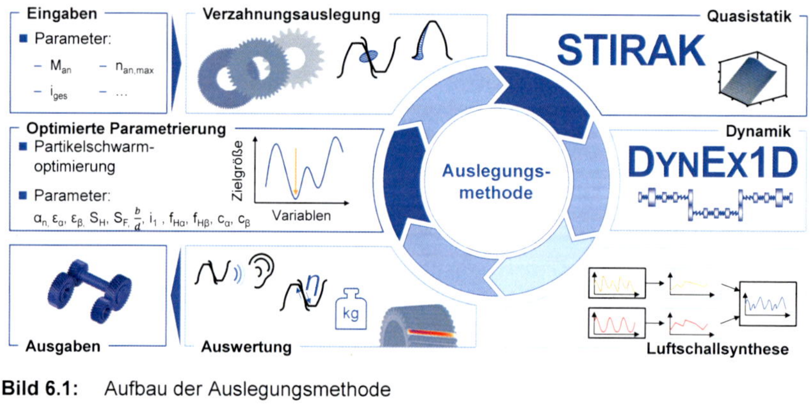

Bild 6.1: Aufbau der Auslegungsmethode
Setup of the Design Method

Für die möglichen Varianten werden im zweiten Schritt mithilfe der FE-basierten Zahnkontaktanalyse FE-Stirnradkette (STIRAK) die quasistatischen Anregungskennfelder berechnet, die für die weiteren dynamischen Analysen benötigt werden. Aufgrund der während der Optimierung veränderten Zahngeometrie und der daraus resultierenden variierenden Dimension in Profil- und Breitenrichtung der Verzahnungen wird keine feste Anzahl an FE-Knoten in die jeweilige Richtung festgelegt. Stattdessen wird die Elementanzahl und -größe dynamisch in Abhängigkeit der vorliegenden Verzahnung bestimmt. Dabei wird mit Blick auf eine Reduzierung der Rechenzeiten ein möglichst grobes Netz ausgewählt. Den dritten Schritt stellt die dynamische Berechnung der Varianten dar. Dazu werden mit dem validierten Simulationsprogramm DYNEX1D dynamische Drehzahlhochläufe berechnet.

Im vierten Schritt kann auf Basis der Differenzgeschwindigkeiten der beiden Stufen optional die Luftschallsynthese nach Gleichung (4-12) durchgeführt werden, vgl. Abschnitt 4.4.1. Liegen in einem sehr frühen Auslegungsschritt noch keine Informationen über den Getriebeaufbau vor, kann dieser Schritt übersprungen werden. Die zur Luftschallsynthese notwendigen Übertragungsfunktionen können bei der Neuauslegung eines bestehenden Aufbaus auf Basis der experimentellen Messdaten bestimmt werden. Vorteilhaft bei diesem Vorgehen sind die Berücksichtigung des verzahnungsunabhängigen Geräuschs und somit die Synthese eines sehr realitätsnahen Geräuscheindrucks. Alternativ können die Übertragungsfunktionen in der Simulation beispielsweise mittels FEM oder MKS bestimmt werden.

Die Auswertung und der Vergleich der Varianten erfolgen im fünften Schritt anhand verschiedener Zielgrößen. Diese umfassen Kenngrößen zum dynamischen Geräuschverhalten auf Basis der Lästigkeit, zur Getriebemasse, zum Verlustgrad, zur Zahnflankenpressung und zur Breitenlastverteilung. Dabei ist es für die Verwendung des Optimierungsalgorithmus notwendig, die in unterschiedlichen physikalischen Dimensionen vorliegenden Zielgrößen zu normieren und in einer Zielfunktion zusammenzuführen. Die verschiedenen Zielgrößen und deren Ermittlung sowie die Definition der Zielfunktion werden im folgenden Abschnitt 6.1.2 beschrieben. Auf Basis des Werts der Zielfunktion werden den Variationsparametern neue Werte zugewiesen. Dazu werden im sechsten Schritt mithilfe der Partikelschwarmanalyse den Parametern neue Werte innerhalb der eingangs definierten Randbedingungen zugewiesen. Der Algorithmus der Partikelschwarmanalyse entstammt aus der Klasse der naturanalogen Algorithmen und wurde von dem Schwarmverhalten von Vögeln abgeleitet. Ziel des Algorithmus ist es, eine vorgegebene Fitnessfunktion, hier die Zielfunktion, zu minimieren. Dazu hängt die Variation jedes Partikels von einer kognitiven, einer sozialen und einer stochastischen Komponente ab. Somit strebt jeder Partikel danach, das Minimum im aufgespannten Suchraum zu finden [PERE07]. Die iterative Auslegungsmethode wird bis zu einem definierten Abbruchkriterium durchgeführt, das der maximalen Anzahl an Durchläufen entspricht. Anschließend kann die beste Variante identifiziert werden.

6.1.2 Definition der Zielgrößen und der Zielfunktion

Definition of the Target Values and the Target Function

Die Auswertung der Varianten kann hinsichtlich verschiedener Zielgrößen erfolgen. Eine ausreichende Tragfähigkeit und die damit einhergehende Betriebssicherheit stellt dabei ein notwendiges Kriterium dar, das nicht in die Qualitätsbewertung eingeschlossen wird, sondern als Mindestanforderung eingeht. Stattdessen können die in der Auslegungsmethode berücksichtigten Zielgrößen nach Masse, Lästigkeit, Verlustgrad, Pressung und Lastverteilung unterteilt werden, vgl. **Bild 6.2**. Die beiden letztgenannten Zielgrößen werden zur Beurteilung des veränderlichen Einsatzverhaltens infolge der Mikrogeometriemodifikationen herangezogen.

Zur Bewertung der Getriebemasse wird jedes Rad als Zylinder mit der Verzahnungsbreite b und dem mittleren Durchmesser d_m, der den Mittelwert zwischen Fußkreis- und Kopfkreisdurchmesser darstellt, angenommen. Als Material wird Einsatzstahl mit einer Dichte von $\rho = 7850\,kg/m^3$ vorgegeben. Die Gesamtmasse ergibt sich als Summe aller vier Räder und kann als erster Indikator für die Materialkosten genutzt werden.

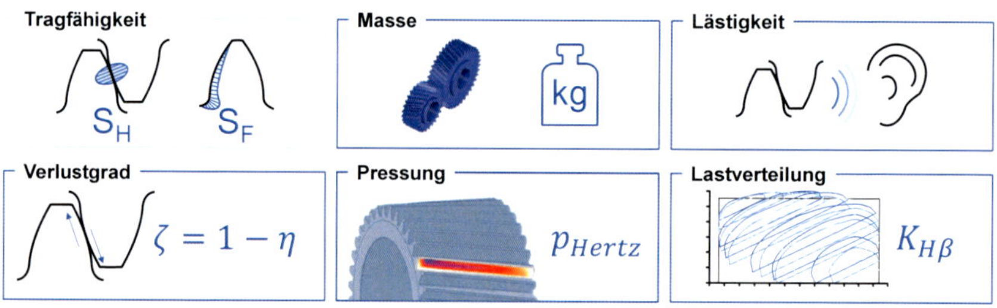

Bild 6.2: Zielgrößen
Target Values

Die Lästigkeit wird gemäß der in Abschnitt 5.4 aufgestellten Berechnungsformel bestimmt. Die dazu notwendigen Werte der psychoakustischen Metriken werden mit der Software ARTEMIS SUITE der Firma Head Acoustics bestimmt. Dabei werden entweder der synthetisierte Luftschall oder die berechneten Differenzgeschwindigkeiten ausgewertet. Im letzteren Fall werden die psychoakustischen Eindrücke separat auf die Differenzgeschwindigkeiten der einzelnen Stufen angewendet und anschließend gemittelt. Obwohl die Entwicklung der psychoakustischen Metriken und der Lästigkeit an Luftschallsignalen durchgeführt wurde, wurde in der Literatur die erfolgreiche Übertragung dieser Metriken auf Körperschall- und Differenzbeschleunigungssignale nachgewiesen [BREC12, MORI17]. Die Zahlenwerte der ermittelten Lästigkeit dürfen jedoch nur mit Lästigkeitswerten verglichen werden, die auf Basis derselben physikalischen Größe bestimmt wurden.

Zur Bewertung der Effizienz eines Zahnradgetriebes wird der Wirkungsgrad η als Verhältnis aus Ausgangsleistung zu Eingangsleistung verwendet. Das Pendant zum Wirkungsgrad ist der Verlustgrad ζ. Da der Optimierungsalgorithmus eine Minimierung der Zielgrößen anstrebt, wird der Verlustgrad zur Optimierung der Effizienz in der Auslegungsmethode ausgewählt. Die Verluste eines Getriebes werden von den Verzahnungsverlusten dominiert [RÖMH93 S.12]. Daher werden zur Bewertung des Verlustgrads nur die lastabhängigen Verzahnungsverluste berücksichtigt und die Methode von SCHLENK verwendet, die in STIRAK implementiert ist [SCHL95, BREC20]. Der Gesamtverlustgrad wird dabei als Produkt der Verlustgrade der Einzelstufen berechnet.

Als Kennwert der HERTZschen Pressung wird von STIRAK für beide Stufen ein Maximalwert angegeben, dessen Mittelwert für die Bewertung herangezogen wird.

Pressungsüberhöhungen durch die aufgeprägten Mikrogeometriemodifikationen beispielsweise in Form von Kantenträgern können so detektiert werden. Ähnlich ist das Vorgehen in der Bewertung der Breitenlastverteilung. Dazu wird der Kennwert $K_{H\beta}$ verwendet, der die maximale Zahnkraft in Bezug zur mittleren Zahnkraft setzt, sodass ein Wert von $K_{H\beta} = 1$ dem Idealfall entspricht. Die Zusammenfassung dieses Kennwerts für die beiden Stufen erfolgt ebenfalls über die Mittelwertbildung.

Zur Verwendung der verschiedenen Zielgrößen in einer Auslegungsmethode mit Optimierungsalgorithmus müssen diese in einer Zielfunktion zusammengefasst werden, deren Funktionswert zur Minimierung genutzt wird. Aufgrund der unterschiedlichen physikalischen Dimensionen und der daraus folgenden unterschiedlichen Größenordnungen der einzelnen Zielgrößen werden diese zunächst normiert. Für jede Zielgröße wurden in Vorstudien Minimal- und Maximalwerte ermittelt, sodass dimensionslose, normierte Zielgrößen nach Gleichung (6-1) vorliegen.

$$\Lambda_{norm} = \frac{\Lambda - \Lambda_{min}}{\Lambda_{max} - \Lambda_{min}} \tag{6-1}$$

Λ_{norm}	[-]	Normierte Zielgröße	Λ	[-]	Zielgröße
Λ_{min}	[-]	Minimum der Zielgröße	Λ_{max}	[-]	Maximum der Zielgröße

Die Zusammenführung der normierten Zielgrößen in der Zielfunktion nach Gleichung (6-2) erfolgt über Gewichtungsfaktoren, die vor jedem Auslegungsprozess festgelegt werden. Dabei müssen die Gewichtungsfaktoren die Randbedingung erfüllen, dass deren Summe nach Gleichung (6-3) $a_{ges} = 1$ beträgt. Das Minimum der Zielfunktion stellt die beste Variante dar.

$$Z = a_m \cdot m_{norm} + a_L \cdot L_{norm} + a_\zeta \cdot \zeta_{norm} + a_p \cdot p_{norm} + a_{LV} \cdot LV_{norm} \tag{6-2}$$

$$a_{ges} = a_m + a_L + a_\zeta + a_p + a_{LV} = 1 \tag{6-3}$$

Z	[-]	Zielgröße	a_i	[-]	Gewichtungsfaktor Zielgröße i
m_{norm}	[-]	Normierte Masse	L_{norm}	[-]	Normierte Lästigkeit
ζ_{norm}	[-]	Normierter Verlustgrad	p_{norm}	[-]	Normierte HERTZsche Pressung
LV_{norm}	[-]	Normierte Lastverteilung			

6.2 Verifikation der Auslegungsmethode

Verification of the Design Method

Die entwickelte Auslegungsmethode wird zunächst anhand bestehender Auslegungsmethoden aus der Literatur mit dem Optimierungsziel Getriebemasse für Getriebeanwendungen aus dem Bereich der E-Mobilität verifiziert. Bei der Definition der Gewichtungsfaktoren wird folglich nur der Gewichtungsfaktor der Masse a_m berücksichtigt und somit weitere Zielgrößen nicht in die Berechnung der Zielfunktion einbezogen. Der untersuchte Bereich der Gesamtübersetzung fokussiert auf übliche Übersetzungen in der E-Mobilität und erstreckt sich zwischen $8 \leq i_{ges} \leq 13$. Das Antriebsmoment beträgt $M_{an} = 100\ Nm$. Es werden jeweils 50 Iterationen des Partikel-Schwarm-Algorithmus bei einer Schwarmgröße von 4 Partikeln durchgeführt.

Der Verlauf der Zielgröße für die beispielhafte Auslegung eines Getriebes mit der Gesamtübersetzung $i_{ges} = 11$ ist in **Bild 6.3** oben links dargestellt. Bis zur zwölften Iteration sind starke Verbesserungen im Zielwert festzustellen. Ab Iteration 13 verringert sich die Reduktion, sodass ab Iteration 34 die Zielgröße das Minimum von $Z = 0{,}116$ anstrebt.

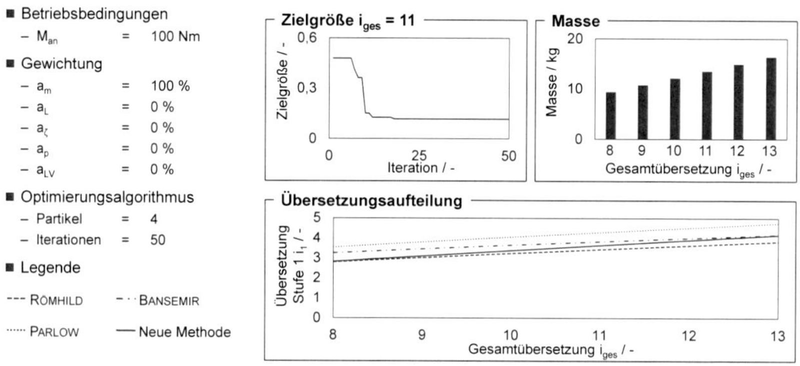

Bild 6.3: Übersetzungsaufteilung bei Auslegungsfokus Masse

Transmission Ratio Distribution for Design Focus Mass

Im rechten oberen Teil von Bild 6.3 sind die resultierenden Massen der ausgelegten Getriebe im betrachteten Übersetzungsbereich aufgelistet. Mit steigender Übersetzung steigt auch die Masse aufgrund des benötigten größeren Bauraums von $m = 9{,}4\ kg\ (i_{ges} = 8)$ bis $m = 16{,}4\ kg\ (i_{ges} = 13)$ an. Die dabei auftretenden Übersetzungsaufteilungen sind im unteren Bildteil dargestellt und werden mit den in der Literatur vorhandenen Übersetzungsaufteilungen nach RÖMHILD, BANSEMIR und PARLOW verglichen [RÖMH93, BANS13, PARL16]. Generell weisen alle Verläufe mit zunehmender Gesamtübersetzung ähnliche Tendenzen auf, wobei aufgrund von unterschiedlichen Modellansätzen und Randbedingungen Unterschiede vorliegen. Die Ergebnisse der entwickelten neuen Methode sortieren sich zwischen den Verläufen nach RÖMHILD und BANSEMIR ein.

Die entwickelte Methode liefert folglich mit Blick auf Modelle aus der Literatur vergleichbare Ergebnisse. Daher wird diese im Folgenden dazu verwendet, um das Einsatzverhalten mit Fokus auf dem dynamischen Anregungsverhalten von bestehenden Getrieben zu verbessern und neue Getriebe auszulegen.

6.3 Anwendung auf das Prototypengetriebe

Application to the Prototype Gearbox

Die Verzahnungen des Prototypengetriebes wurden vor dem Hintergrund ausgewählt, die Berechnungskette in Kapitel 4 zu validieren und den Einfluss verschiedener Parameter in Kapitel 5 zu bewerten. Dabei wurde beim Referenzgetriebe auf beiden Stufen der gleiche Radsatz verwendet, der eine Übersetzung von $i = 1{,}45$ aufweist. Da bei der Auswahl der Radsätze keine abgestimmte Auslegung unter Berücksichtigung beider Getriebestufen durchgeführt wurde, bietet eine Neuauslegung hohes Potenzial einer akustischen Verbesserung hinsichtlich der wahrgenommenen Lästigkeit des Gesamtgetriebes.

Um eine direkte Vergleichbarkeit mit dem Referenzradsatz zu ermöglichen und die Montierbarkeit im Prototypengetriebe zu garantieren, wird der Achsabstand $a = 112{,}5\ mm$ als Randbedingung in beiden Stufen vorgegeben. Die Wellenverlagerung wird durch Vorgabe der Anteile in Neigungs- und Schränkungsrichtung nach WITTKE durch eine resultierende Flankenlinienwinkelabweichung berücksichtigt [WITT94 S.29]. Da zur Fokussierung auf die Methodenentwicklung bei der Konstruktion auf eine sehr steife Auslegung sowohl des Gehäuses als auch des Welle-Lager-Systems geachtet wurde, sind die Wellenverlagerungen bei den betrachteten Drehmomenten sehr gering. Die Betriebsbedingungen werden in der Simulation analog zum Experiment gewählt, vgl. **Bild 6.4** oben links. Als Zielgrößen werden die Masse, die Lästigkeit und die Lastverteilung gleich gewichtet. Der Grund liegt darin, dass einerseits die Getriebemasse im Vergleich zur Referenz bei der optimierten Variante nicht steigen soll. Andererseits sollen Kantenträger vermieden werden. Die HERTZsche Pressung und der Wirkungsgrad spielen in den Optimierungszielen eher untergeordnete Rollen. Die Optimierungsrechnung mit 8 Partikeln wird nach 50 Iterationen beendet und die verbesserte Variante wird identifiziert.

- Betriebsbedingungen
  - M_{an} = 325 Nm
  - n_{an} = 300 – 3000 min^{-1}
  - $\Delta n_{an}/\Delta t$ = 27 $min^{-1}s^{-1}$
- Gewichtung
  - a_m = 30 %
  - a_L = 30 %
  - a_ζ = 0 %
  - a_p = 10 %
  - a_{LV} = 30 %
- Optimierungsalgorithmus
  - Partikel = 8
  - Iterationen = 50
- Legende
  - Referenz
  - Neuauslegung

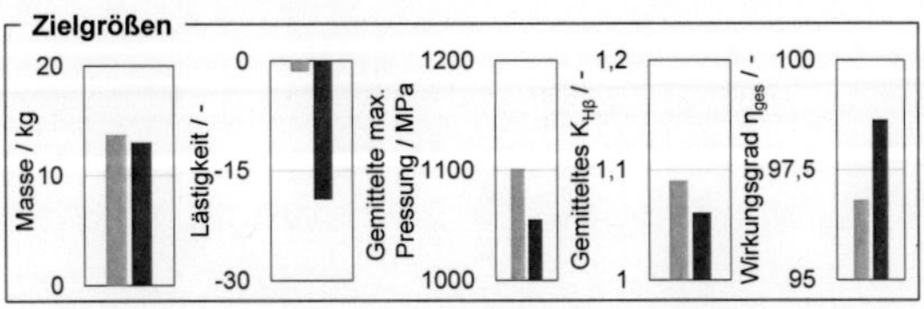

Verzahnungsgeometrie

		Ref. St. 1/St. 2	Neuauslegung	
$z_{1/3}/z_{2/4}$	-	29/42	26/41	25/33
α_n	°	20	19	17
a	mm	112,5	112,5	112,5
m_n	mm	3,0	3	3,5
ε_α	-	1,55	1,6	1,7
ε_β	-	1,45	1,6	1,6

Bild 6.4: Optimierung Prototypengetriebe
Optimization Prototype Gearbox

Der Vergleich zwischen Referenz und neuausgelegtem Getriebe ist in Bild 6.4 in der oberen Zeile dargestellt. Dabei stellt die neu ausgelegte Variante unter Berücksichtigung aller Zielgrößen die beste Lösung dar. Die wahrgenommene Lästigkeit ($\Delta L = 17{,}5$) kann durch die abgestimmte Neuauslegung der Getriebestufen im Vergleich zur Referenz stark reduziert werden. Gleichzeitig werden die Getriebemasse um $\Delta_m = 5{,}2\ \%$, die maximale HERTZsche Pressung ($\Delta_p = 4{,}1\ \%$) reduziert und die Lastverteilung um $\Delta_{LV} = 2{,}7\ \%$ verbessert. Ein weiterer Vorteil der neu ausgelegten Variante liegt im Wirkungsgrad, der im Vergleich zur Referenz um $\Delta_\eta = 1{,}9\ \%$ gesteigert werden konnte, obwohl dieser nicht als Zielgröße im Optimierungsalgorithmus gewichtet wurde. Zusammenfassend kann festgehalten werden, dass der Getriebeentwurf durch die Neuauslegung in allen Zielgrößen Potenzial zur Verbesserung liefert.

Ein Auszug der makrogeometrischen Größen ist im unteren Teil von Bild 6.4 aufgelistet. Die Übersetzung der ersten Stufe liegt etwas über der zweiten Stufe. Sowohl Profilüberdeckung als auch Sprungüberdeckung liegen bei der Neuauslegung im Vergleich zur Referenz etwas erhöht, wodurch die Anzahl der an der Lastübertragung beteiligten Zähne erhöht wird. Die erhöhte Profil- und Sprungüberdeckung stellen einen Grund für die oberhalb gezeigten positiven Einflüsse in den Zielgrößen dar. Die resultierende Mikrogeometrie führt zu einer leicht verbesserten Lastverteilung, vgl. **Tabelle 6.1**. Dies kann unter anderem dadurch erklärt werden, dass die auftretende Wellenverkippung in der Neuauslegung kompensiert wird. Aufgrund des sehr steifen Prüfaufbaus ist der $f_{H\beta}$-Wert gering, führt jedoch zu einer leichten Verbesserung im Tragverhalten.

Tabelle 6.1: Vergleich der mikrogeometrischen Größen
Comparison of the Microgeometric Values

		Referenz	Neuauslegung	
Korrektur	Einheit	Stufe 1&2	Stufe 1	Stufe 2
C_α	µm	0	0	3
$f_{H\alpha}$	µm	0	1	0
C_β	µm	2	1	3
$f_{H\beta}$	µm	0	0	-1

6.4 Anwendung auf ein zweistufiges Getriebe für die E-Mobilität

Application to a Two-Stage Gearbox for E-Mobility

Die Gesamtübersetzung des Prototypengetriebes liegt mit $i_{ges} = 2{,}1$ in einem Übersetzungsbereich, bei dem in der Praxis üblicherweise keine zweistufigen Getriebe eingesetzt werden, da für diese Übersetzungen einstufige Getrieben wirtschaftlicher sind [KLOC17 S.87]. Daher wird im Folgenden die Methode zur Auslegung eines praxisnahen, zweistufigen Demonstratorgetriebes für die E-Mobilität verwendet. Zunächst wird die Anforderungsliste und das Getriebekonzept vorgestellt, da Messtechnik zur Validierung der Berechnungskette analog zu Abschnitt 4.1.2 in den Prüfaufbau integriert werden soll. Darauf aufbauend werden bei der Verzahnungsauslegung mit der entwickelten Methode die Zielgrößen variiert und die Ergebnisse diskutiert. Die Ermittlung des dauerfest ertragbaren Drehmoments erfolgt dabei auf Basis eines realistischen Lastkollektivs. Abschließend wird eine Empfehlung zur Wahl der Verzahnungsparameter abgeleitet.

6.4.1 Anforderungsliste und Getriebekonzept

Requirement List and Gearbox Concept

Zu Beginn des Auslegungsprozesses steht die Definition der Anforderungen, die an das Getriebe gestellt werden. Unterschieden wird zwischen Forderungen (F), die zwingend erfüllt werden müssen, und Wünschen (W), deren Realisierung optional ist, aber zur Steigerung der Produktqualität und Marktakzeptanz führt. Ein Auszug aus der Anforderungsliste ist in **Bild 6.5** dargestellt. Die Forderungen und Wünsche werden in Kategorien unterteilt. Dabei sind für die Konzeptionierung das Anwendungsgebiet und die Leistungsdaten besonders relevant. Das Getriebe soll zur Analyse verschiedener Untersuchungsziele sowohl zur Variation makro- und mikrogeometrischer Parameter als auch zur Werkstoff-/Geometrievariation geeignet sein, vgl. Bild 6.5 rechts. Außerdem soll die Validierung von Simulationsmodellen ermöglicht werden, wodurch die dynamische Verzahnungsanregung messbar sein muss. Weitere Anforderungen an die Messtechnik sind in der Anforderungsliste im Anhang aufgeführt, siehe Bild 9.8 im Anhang.

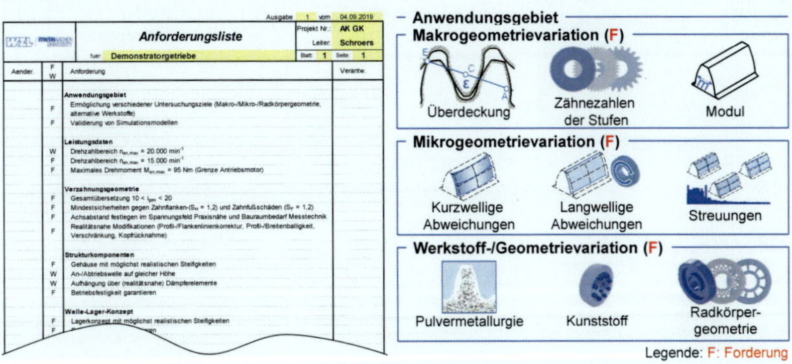

Bild 6.5: Auszug aus der Anforderungsliste
Extract from the Requirement List

Zum potenziellen Einsatz in einer E-Mobilitätsanwendung soll eine Eingangsdrehzahl von mindestens $n_{an} = 15000\ min^{-1}$ erreichbar sein. Aus dem Einsatzgebiet ergeben sich weitere Anforderungen an die Verzahnungsgeometrie. Die Gesamtübersetzung soll zwischen $10 \leq i_{ges} \leq 20$ liegen. Die aus den Sicherheiten gegen Zahnflanken- und Zahnfußschäden abgeleiteten Achsabstände sollen in praxisnahen Größenordnungen liegen bei gleichzeitiger Integration der notwendigen Messtechnik. Die weiteren Hauptkomponenten wie Gehäuse und Welle-Lager-System sollen unter Garantie der Betriebsfestigkeit möglichst realistische Steifigkeiten aufweisen. Außerdem soll die Konzeptionierung eine einfache Montage und Demontage ermöglichen, um die verschiedenen Untersuchungsziele aus Bild 6.5 anhand verschiedener Varianten ohne hohen Zeit- und Kostenaufwand messtechnisch zu evaluieren.

6.4.2 Verzahnungsauslegung

Gear Design

Zur Vermeidung sowohl eines frühzeitigen Ausfalls des Getriebes als auch einer Überdimensionierung der lastübertragenden Komponenten ist eine Kenntnis der späteren Belastung im Betrieb notwendig. Da zum fiktiven Fahrzeug des Demonstratorgetriebes keine Belastungsdaten vorliegen, wird auf ein vergleichbares Lastkollektiv aus der Literatur zurückgegriffen. Dazu wurde von IRMSCHER ET AL. ein Smart Fortwo mit einem Messrad ausgestattet, vgl. **Bild 6.6**. Mittels Dehnungsmessstreifen wurden die während der Messfahrt wirkenden Kräfte und Momente aufgezeichnet und auf ein Gesamtlebensdauerkollektiv extrapoliert [IRMS17]. Dabei wurden verschiedene Fahrszenarien wie Autobahnfahrt oder Schlechtwegstrecke berücksichtigt und die variierenden Belastungen tragen entsprechend ihrer Auftretenshäufigkeit zum Lastkollektiv bei. Das resultierende Lastkollektiv für die Längskraft $F_{Längs}$ ist im unteren linken Bildteil dargestellt.

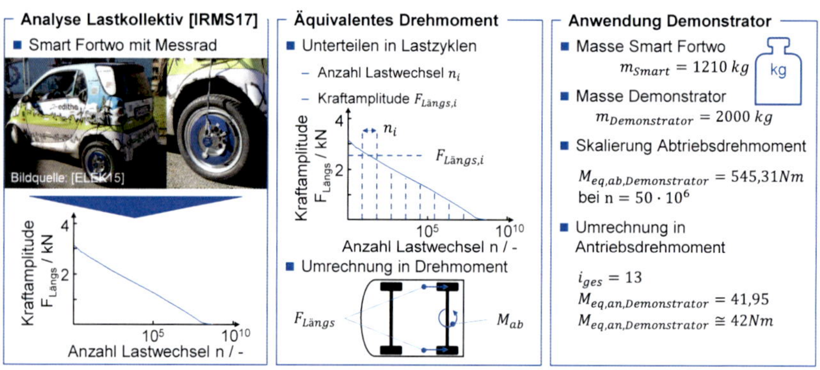

Bild 6.6: Ermittlung äquivalentes Drehmoment
Determination of Equivalent Torque

Aus dem Lastkollektiv wird das äquivalente Drehmoment zur Verwendung in der Verzahnungsauslegung auf Basis der ISO 6336 bestimmt. Dazu wird das Gesamtlastkollektiv in Lastzyklen mit konstanter Kraftamplitude $F_{Längs,i}$ unterteilt und in ein an der Hinterachse wirkendes Abtriebsdrehmoment $M_{ab,i}$ umgerechnet. Die Belastungen der einzelnen Lastzyklen werden nach ISO 6336-6 in ein äquivalentes Drehmoment überführt, vgl. Gleichung (6-4) [ISO19a S.16]. Der Exponent p wird in Abhängigkeit des Materials und des kritischen Schadensmechanismus bestimmt [ISO19a S.19].

Anschließend wird das am Smart Fortwo ermittelte äquivalente Drehmoment auf das fiktive Demonstratorfahrzeug übertragen. Da die auftretenden Kräfte linear abhängig von der Fahrzeugmasse sind, wird das äquivalente Drehmoment in Abhängigkeit der in Bild 6.6 rechts dargestellten Fahrzeugmassen skaliert und zu

$M_{eq,ab,Demonstrator} = 545{,}31Nm$ bei 50 Millionen Lastwechseln bestimmt. Mit der festgelegten Gesamtübersetzung $i_{ges} = 13$ ergibt sich ein äquivalentes Antriebsdrehmoment von $M_{eq,an,Demonstrator} = 42Nm$, das für die weiteren Auslegungsschritte verwendet wird.

$$M_{eq,ab} = \left(\frac{n_1 M_{ab,1}^p + n_2 M_{ab,2}^p + \cdots}{n_1 + n_2 + \cdots}\right)^{\frac{1}{p}} \qquad (6\text{-}4)$$

$M_{eq,ab}$	[Nm]	Äquivalentes Drehmoment	n_i	[-]	Anzahl Lastwechsel von Lastzyklus i
$M_{ab,i}$	[Nm]	Drehmoment von Lastzyklus i	p	[-]	Steigung der Wöhlerlinie

Darauf aufbauend wird die Auslegungsmethode für die Verzahnungen des Demonstratorgetriebes verwendet. Es werden jeweils 50 Iterationen des Optimierungsalgorithmus mit 20 Partikeln durchgeführt. Zur Bestimmung der Lästigkeit werden Drehzahlhochläufe von $n_{an} = 300\ min^{-1}$ bis $n_{an} = 15000\ min^{-1}$ simuliert. Aufgrund des frühen Auslegungsschrittes und der damit noch fehlenden Informationen zu den Strukturkomponenten und deren Übertragungsverhalten werden keine Luftschallsignale synthetisiert. Die Lästigkeit wird folglich auf Basis der Differenzgeschwindigkeiten bestimmt, vgl. Abschnitt 6.1.2. Darüber hinaus können noch keine Analysen zum Verlagerungsverhalten des Welle-Lager-Systems durchgeführt werden, wodurch eine Auslegung der Mikrogeometrie erst nach Auslegung der Strukturkomponenten sinnvoll ist. Daher werden die vor allem durch die Mikrogeometrie beeinflussten Zielgrößen Pressung und Breitenlastverteilung nicht gewichtet.

Zunächst wird der Einfluss der verbliebenen Zielgrößen Masse, Lästigkeit und Verlustgrad mit alleinigem Fokus auf jeweils eine der drei Zielgrößen untersucht. Die Zielgrößen für die drei Varianten sind im oberen Teil von **Bild 6.7** aufgeführt. Beim Auslegungsfokus Masse weist die Variante V1 mit $m = 10{,}8\ kg$ die geringste Masse auf. Die anderen beiden Getriebe sind ungefähr $\Delta m = 1{,}9\ kg$ schwerer. Bei der Auslegung mit Fokus auf der Lästigkeit (V2) wird analog diese Variante am angenehmsten wahrgenommen. Die Lästigkeit liegt hier mit $L = -158{,}6$ deutlich unterhalb der Varianten mit Fokus Masse $L = -43{,}5$ und Verlustgrad $L = -48{,}2$. Die negativen Werte liegen in der Wahl des relativen Nullpunkts der entwickelten Lästigkeitsmetrik begründet. Bei der Auswertung des Verlustgrads ζ wird der gebräuchlichere Wirkungsgrad η angegeben. Der höchste Wirkungsgrad ergibt sich für die Variante mit Fokus auf der Verringerung der Getriebeverluste (V3) mit $\eta = 98{,}8\ \%$. Für die anderen beiden Varianten wird der Wirkungsgrad auf $\eta = 98{,}7\ \%$ (V2) und $\eta = 98{,}3\ \%$ (V1) verringert.

Der Unterschied in ausgewählten Verzahnungsparametern ist in der unteren Zeile von Bild 6.7 abgebildet. Es ergeben sich vergleichbare Eingriffswinkel und Achsabstände für alle Varianten. Die Variante mit geringerer Masse (V1) zeichnet sich durch höhere Normalmoduln auf beiden Getriebestufen als die anderen beiden Varianten aus. Dadurch ergeben sich bei diesen Varianten geringere Zähnezahlen. Die Variante mit

Fokus Lästigkeit (V2) weist hohe Profil- und Sprungüberdeckungen auf beiden Stufen auf, wodurch eine Lästigkeitsreduktion erreicht wird.

- Betriebsbedingungen
  - M_{an} = 42 Nm
  - i_{ges} = 13
  - n_{an} = 300 – 15000 min^{-1}
- Gewichtung V1 V2 V3
  - a_m = 100 0 0 %
  - a_L = 0 100 0 %
  - a_ζ = 0 0 100 %
  - a_p = 0 0 0 %
  - a_{LV} = 0 0 0 %
- Optimierungsalgorithmus
  - Iterationen = 50
- Legende
  - V1 Fokus Masse
  - V2 Fokus Lästigkeit
  - V3 Fokus Verlustgrad

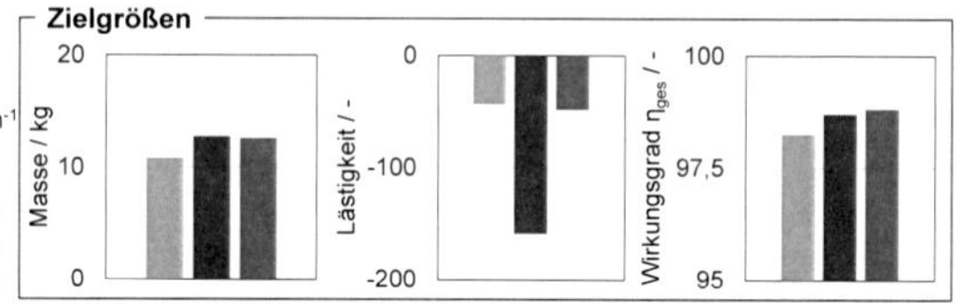

Verzahnungsgeometrie

		V1		V2		V3	
$z_{1/3}/z_{2/4}$	-	21/80	21/71	29/101	29/107	29/103	28/103
α_n	°	20	19	20	19	20	20
a	mm	85,4	124,4	84	134,4	85,8	130,4
m_n	mm	1,56	2,45	1,22	1,84	1,21	1,86
ε_α	-	1,81	1,66	1,89	1,90	1,76	1,69
ε_β	-	1,75	1,81	2,10	2,30	2,20	2,24

Bild 6.7: Auslegungsfokus Masse, Lästigkeit und Verlustgrad
Design Focus Mass, Annoyance and Degree of Loss

Aus den Ergebnissen lässt sich ableiten, dass ein Fokus auf allein eine Zielgröße zur Reduktion der jeweiligen Zielgröße führt. Jedoch werden dadurch Nachteile in den weiteren Zielgrößen offensichtlich. Daher werden zwei weitere Varianten untersucht, bei denen die für das Demonstratorgetriebe besonders relevanten Zielgrößen Masse und Lästigkeit anteilig gewichtet werden. Der Fokus auf diesen beiden Zielgrößen liegt darin begründet, dass das Getriebe erstens aufgrund des potenziellen Einsatzes in einer E-Moblititätsanwendung zur Ressourcenschonung gewichtsarm konstruiert werden muss. Der Anwendungsfall führt zweitens zu der Anforderung, dass durch den Wegfall des Verbrennungsmotors das Getriebegeräusch weniger maskiert wird und daher die wahrgenommene Lästigkeit in der Auslegung stärker fokussiert werden muss. Die dritte Zielgröße Wirkungsgrad wird nicht explizit gewichtet, jedoch in die Auswertung einbezogen, um auch Anforderungen an die Effizienz zu berücksichtigen.

Dazu werden in **Bild 6.8** zwei Getriebevarianten verglichen, bei denen Masse und Lästigkeit gleich (V4) und im Verhältnis 3:1 (V5) gewichtet sind. In der oberen Bildzeile werden die Werte der Zielgrößen verglichen. Dabei führt die höhere Gewichtung der Masse zu einer geringeren Masse ($\Delta m = 0{,}1\ kg$). Gleichzeitig erhöht sich die wahrgenommene Lästigkeit um $\Delta L = 15{,}2$. Die Wirkungsgrade der beiden Varianten liegen vergleichbar bei $\eta_1 = 98{,}47\ \%$ und $\eta_2 = 98{,}41\ \%$. Ausgewählte Verzahnungsparameter sind im unteren Bildteil aufgeführt. Die Variante 5 weist etwas höhere Normalmoduln auf beiden Stufen auf, wodurch die geringere Masse erklärt werden kann. Das vergleichbare Niveau der Lästigkeit liegt in den ähnlichen Überdeckungsverhältnissen der beiden Stufen begründet.

Für die weitere Ausgestaltung des Demonstratorgetriebes wird die Auswahl der Variante 5 empfohlen. Die Empfehlung liegt darin begründet, dass die Zielgröße Masse ohne eklatanten Lästigkeitsanstieg noch weiter reduziert wurde. Auf Basis der Verzahnungsauslegung von Variante 5 wird das Welle-Lager-System konzipiert. Eine

Übersicht zu den Komponenten, die alle die statische und dynamische Festigkeit erfüllen, ist im Anhang in Bild 9.9 aufgelistet. Bei der dargestellten Auslegung der Lager wird die Forderung nach einer Mindestdrehzahl von $n_{an} \geq 15000 min^{-1}$ erfüllt. Zur einfachen Montage wird als Welle-Nabeverbindung die Passfeder vorgeschlagen, wobei zur Erfüllung der geforderten Sicherheiten zwei um 180° versetzte Passfedern eingesetzt werden müssen. Die weitere Ausgestaltung des Getriebes umfasst die Auslegung des Gehäuses und der Mikrogeometrie der Verzahnungen unter Einbeziehung des lastbedingten Verlagerungsverhaltens.

- Betriebsbedingungen
  - M_{an} = 42 Nm
  - i_{ges} = 13
  - n_{an} = 300 – 15000 min^{-1}
- Gewichtung (V4 / V5)
  - a_m = 50 / 75 %
  - a_L = 50 / 25 %
  - a_ζ = 0 / 0 %
  - a_p = 0 / 0 %
  - a_{LV} = 0 / 0 %
- Optimierungsalgorithmus
  - Iterationen = 50
- Legende
  - — V4
  - — V5

Zielgrößen

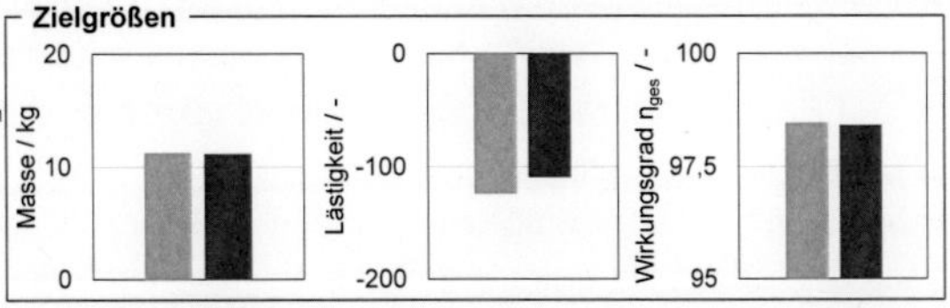

Verzahnungsgeometrie

		V4		V5	
$z_{1/3}/z_{2/4}$	-	24/83	23/88	23/87	23/78
α_n	°	20	19	20	20
a	mm	80,0	125,4	85,6	122,3
m_n	mm	1,35	2,09	1,42	2,24
ε_α	-	1,79	1,83	1,82	1,81
ε_β	-	2,23	1,89	2,11	1,9

Bild 6.8: Variation der Zielgrößen
Variation of the Target Values

6.5 Fazit
Conclusion

Die Berücksichtigung des Anregungs- und Geräuschverhaltens im Auslegungsprozess von Zahnradgetrieben beruht häufig auf quasistatischen Ansätzen. Überhöhungen infolge von dynamischen Schwingungsüberhöhungen sowie gehörbezogene Auswertungen werden dadurch nicht berücksichtigt. Daher wird eine iterative Auslegungsmethode der Verzahnungsmakro- und -mikrogeometrie entwickelt, die auf einem naturanalogen Partikelschwarm-Algorithmus basiert. Neben Zielgrößen wie Masse und Wirkungsgrad wird die wahrgenommene Lästigkeit als Kenngröße für das dynamische Anregungs- und Geräuschverhalten verwendet. Eine ausreichende Betriebssicherheit stellt dabei ein notwendiges Qualitätskriterium dar. Zur Berechnung des dynamischen Einsatzverhaltens wird das in Kapitel 4 entwickelte und validierte Mehrkörpersimulationsmodell auf Basis des rotatorischen Freiheitsgrads DYNEX1D verwendet. Darauf aufbauend können optional Luftschallsignale synthetisiert werden. Die Lästigkeit wird dabei auf Basis der in Abschnitt 5.4 entwickelten Lästigkeitsmetrik bestimmt. Die verschiedenen Zielgrößen werden in einer dimensionslosen Zielfunktion zusammengefasst, auf deren Basis der Optimierungsalgorithmus die Varianten bewertet und die Iterationen bis zu einem Abbruchkriterium steuert.

Die entwickelte Auslegungsmethode wird anhand von zweistufigen Getrieben, deren Gesamtübersetzungen für Anwendungsfälle aus dem Bereich der E-Mobilität geeignet sind, mit Ansätzen aus der Literatur verglichen. Die verschiedenen Methoden zeigen vergleichbare Ergebnisse, wodurch der vorliegende Berechnungsansatz verifiziert werden kann.

Darauf aufbauend wird die Auslegungsmethode zunächst auf das zur Methodenentwicklung verwendete zweistufige Prototypengetriebe angewendet. Die Neuauslegung der Verzahnungsmakro- und -mikrogeometrie zeigt eine Verbesserung in sämtlichen Zielgrößen. Anschließend wird eine Anforderungsliste für ein zweistufiges Demonstratorgetriebe definiert, das zur Nutzung in einer E-Mobilitätsanwendung geeignet sein soll. Auf Basis eines realitätsnahen Lastkollektivs wird der Einfluss variierender Zielgrößen auf die Verzahnungsparameter evaluiert und ein Verzahnungsentwurf eines zweistufigen Getriebes empfohlen. Dabei wird der Auslegungsfokus auf die Zielgrößen Masse und Lästigkeit gelegt. Außerdem wird das Welle-Lager-System auf Basis des Verzahnungsentwurfs ausgelegt.

Die Auslegungsmethode kann folglich sowohl für die Verbesserung bestehender Getriebe als auch für die Neuauslegung angewendet werden. Damit ist das dritte und letzte Teilziel erreicht. Die Einbeziehung der gehörbezogenen Auswertung des dynamischen Anregungs- und Geräuschverhaltens erhöht die Entwurfsqualität in frühen Entwicklungsschritten.

7 Zusammenfassung und Ausblick
Summary and Outlook

In dieser Arbeit wird eine Methode zur Auslegung von zweistufigen Getrieben entwickelt, mit der das dynamische Anregungsverhalten und die gehörbezogene Geräuschbewertung in den Auslegungsprozess integriert werden. Dadurch kann die Entwurfsqualität bereits in einem frühen Entwurfsstadium gesteigert werden. Die Berechnung des dynamischen Anregungsverhaltens erfolgt mithilfe der Mehrkörpersimulation. Zur gehörbezogenen Bewertung werden die psychoakustischen Metriken in einem Kennwert, der wahrgenommenen Lästigkeit, zusammengefasst. Die beiden Komponenten werden in einer iterativen Auslegungsmethode kombiniert, die zur Rechenzeitoptimierung auf einen naturanalogen Partikelschwarmalgorithmus zurückgreift. Die Methodenentwicklung und Kennwertbildung erfolgt an einem zweistufigen Prototypengetriebe, in das die zur Validierung der Rechenmethoden notwendige Messtechnik integriert wird.

Im ersten Schritt wird die Schallentstehungskette in die quasistatische und dynamische Anregung sowie das dynamische Geräuschverhalten unterteilt. Darauf aufbauend werden für jeden Schritt Simulationsmodelle entwickelt und anhand der experimentellen Messdaten validiert. Zur Abbildung der quasistatischen Verzahnungsanregung wird eine FE-basierte Zahnkontaktanalyse auf zweistufige Getriebe erweitert. Damit kann sowohl der Einzel-Drehfehler von Getriebestufen als auch der Gesamt-Drehfehler zwischen An- und Abtrieb bestimmt werden. Das dynamische Anregungsverhalten wird mittels Mehrkörpersimulation modelliert. Dabei werden sowohl ein rotatorisches als auch ein räumliches Mehrkörpersimulationsmodell aufgebaut. Die Parametrierung des Antriebsstrangs erfolgt auf Basis analytischer Formeln, CAD-Modellen und modaler Messungen. Beide Modelle zeigen dabei für den Anwendungsfall eine hohe Eignung, das dynamische Anregungsverhalten vorherzusagen. Im Hinblick auf eine weitere Verwendung der Methode in einer Auslegungsroutine wird fortan aus Rechenzeitgründen auf das rotatorische Modell fokussiert. Der letzte Schritt der Schallentstehungskette, das dynamische Geräuschverhalten, wird auf Basis experimentell ermittelter Transferfunktionen synthetisiert. Den Abschluss bildet die psychoakustische Geräuschbewertung anhand der Lautheit, Schärfe, Tonhaltigkeit und Rauigkeit. Entlang der gesamten Schallentstehungskette liegt eine sehr gute Übereinstimmung zwischen Messung und Simulation vor.

Im zweiten Schritt wird der Einfluss von veränderten Verzahnungsparametern auf das Anregungs- und Geräuschverhalten diskutiert. Variationsparameter sind die Zähnezahlen, der Schrägungswinkel und die Phasenverschiebung. Die entwickelte Berechnungskette wird dabei ebenfalls auf diese Getriebevarianten angewendet. Durch die Veränderung der Zähnezahlen treten unterschiedliche Zahneingriffsfrequenzen und deren Abstände zwischen den Getriebestufen auf. Dabei werden die Eigenfrequenzen des Antriebsstrangs von unterschiedlichen Harmonischen angeregt, was zu einem veränderten Schwingungsverhalten führen kann. Die Anpassung des Schrägungswinkels ermöglicht eine verringerte Einleitung von Axialschwingungen in die umgebende

Struktur. Außerdem kann der Gesamt-Drehfehler durch eine Phasenverschiebung von einer halben Teilung zwischen den Getriebestufen reduziert werden. Auf die gehörbezogene Bewertung hat die Phasenverschiebung keinen Einfluss. Die Zusammenführung der psychoakustischen Metriken in die wahrgenommene Lästigkeit wird anhand von Hörversuchen durchgeführt. Dazu werden Hörbeispiele synthetisiert und eine Berechnungsformel der Lästigkeit abgeleitet. Die Ergebnisse zeigen einen dominanten Einfluss der Lautheit auf die Lästigkeit. Jedoch können auch an zweistufigen Getrieben relevante Anregungseffekte wie Schwebung und Konsonanz durch die Einbeziehung der Tonhaltigkeit und der Rauigkeit von der Berechnungsformel unterschieden werden.

Die Kombination der validierten Berechnungskette und der entwickelten Berechnungsformel der Lästigkeit in einer Auslegungsmethode wird im letzten Schritt durchgeführt. Eine ausreichende Betriebssicherheit stellt dabei das notwendige Kriterium dar. Als weitere Zielgrößen können die Masse, die Lästigkeit, der Wirkungsgrad, die Pressung und die Lastverteilung einbezogen werden. Zur Reduzierung der Rechenzeit wird ein Partikelschwarmalgorithmus aus dem Bereich der naturanalogen Optimierungsalgorithmen integriert. Die Auslegungsmethode wird zunächst anhand bestehender Auslegungsmethoden aus der Literatur mit dem Auslegungsziel Masse verifiziert. Darauf aufbauend werden die Radsätze des Prototypengetriebes in allen Zielgrößen verbessert. Anschließend wird die Methode auf ein zweistufiges Demonstratorgetriebe für die E-Mobilität angewendet und die Verzahnungsgeometrie bestimmt.

Ausblickend können die entwickelten Methoden auf weitere praxisnahe Getriebe angewendet werden. Bei der rechnerischen Analyse des dynamischen Anregungsverhaltens in dieser Arbeit weisen sowohl das rotatorische als auch das räumliche MKS-Modell aufgrund des sehr steifen Getriebeaufbaus vergleichbare Ergebnisgüten auf. In der Praxis werden dünnwandige Getriebe eingesetzt, wie sie auch in dem im letzten Kapitel vorgestellten Demonstratorgetriebe für die E-Mobilität angestrebt werden. Daher bietet dieses Getriebe die Möglichkeit, zukünftig den Einfluss der Modellierungstiefe auch bei weicheren Gehäusen wissenschaftlich weiter zu untersuchen.

Die Bestimmung des Transferpfades zwischen Anregung im Zahneingriff und emittiertem Luftschall wird in dieser Arbeit auf Basis experimenteller Messdaten durchgeführt. Vorteilhaft bei diesem Verfahren ist die Berücksichtigung verzahnungsunabhängiger Geräuschanteile, sodass ein sehr realistisches Getriebegeräusch auf Basis der Transferfunktionen synthetisiert werden kann. Zukünftig kann dieser Syntheseschritt durch rechnerisch bestimmte Transferfunktionen ersetzt werden. Dadurch ergibt sich eine geschlossene Berechnungskette ohne die Notwendigkeit von Messdaten aus Betriebswälzprüfungen.

Schließlich kann die entwickelte Berechnungsformel zur Lästigkeit auf andere Getriebe anwendet werden. Außerdem kann die Eignung der Berechnungsformel zur Bestimmung der Lästigkeit von Motor-Getriebe-Einheiten überprüft werden und gegebenenfalls eine verbesserte Berechnungsformel für diese Anwendungsfälle abgeleitet werden.

Summary and Outlook

In this work, a method for the design of two-stage gearboxes is developed, which integrates the dynamic excitation behavior and the hearing-related noise evaluation into the design process. Thus, the design quality can be increased already in an early design step. The dynamic excitation behavior is calculated with the help of multibody simulation. For hearing-related evaluation, the psychoacoustic metrics are combined into one characteristic value, the perceived annoyance. The two components are combined in an iterative design method, which uses a natural-analog particle swarm algorithm for computation time optimization. The development of the method and the generation of characteristic values is carried out on a two-stage prototype gearbox in which the measurement technology required for the validation of the calculation methods is integrated.

In the first step, the noise generation chain is divided into quasi-static and dynamic excitation behavior as well as dynamic noise behavior. Based on this, simulation models are developed for each step and validated using the experimental measurement data. To represent the quasi-static gear excitation, an FE-based tooth contact analysis is extended to two-stage gearboxes. This allows to determine both the individual transmission error of gear stages and the total transmission error between input and output. The dynamic excitation behavior is modeled using multibody simulation. Both a rotational and a spatial multibody simulation model are built. The parameterization of the drive train is based on analytical formulas, CAD models and modal measurements. Both models show a high suitability for the application to predict the dynamic excitation behavior. Regarding a further use of the method in a design method, the focus is henceforth on the rotational model for reasons of computation time. The last step of the noise generation chain, the dynamic noise behavior, is synthesized based on experimentally determined transfer functions. The final step is the psychoacoustic noise evaluation based on loudness, sharpness, tonality and roughness. There is a very good agreement between measurement and simulation along the entire noise generation chain.

In the second step, the influence of modified gear parameters on the excitation and noise behavior is investigated. Variation parameters are the number of teeth, the helix angle and the phase shift. The calculation chain developed is also applied to these gearbox variants. By changing the number of teeth, different gear mesh frequencies and their distances between the gear stages occur. The natural frequencies of the drive train are excited by different harmonics, which can lead to altered vibration behavior. Adjusting the helix angle allows reduced introduction of axial vibrations into the surrounding structure. In addition, the total transmission error can be reduced by a phase shift of half a pitch between the gear stages. The phase shift has no effect on the hearing-related evaluation. The summary of the psychoacoustic metrics into the perceived annoyance is performed using listening tests. For this purpose, listening tests are synthesized using the validated computational model and a calculation formula of annoyance is derived. The results show a dominant influence of loudness on annoyance. However, relevant excitation effects at two-stage gearboxes such as beat and consonance can also be distinguished from the calculation formula by including the tonality and the roughness.

The combination of the validated calculation chain and the developed calculation formula of the annoyance in a design method is carried out in the last step. A sufficient operational safety represents the necessary criterion. The mass, the annoyance, the efficiency, the pressure and the load distribution can be included as further target values. To reduce the computation time, a particle swarm algorithm from the field of natural-analog optimization algorithms is integrated. The design method is first verified using existing design methods from the literature with the design objective of mass. Based on this, the gear sets of the prototype gearbox are improved in all target values. Subsequently, the method is applied to a two-stage demonstrator gearbox for e-mobility and the gear geometry is determined.

Looking ahead, the methods developed can be applied to other industrial applicable gearboxes. In the computational analysis of the dynamic excitation behavior in this work, both the rotational and the spatial MBS models exhibit comparable result qualities due to the very stiff gearbox design. In practice, thin-walled gearboxes are used, as they are also targeted in the demonstrator gearbox for e-mobility presented in the last chapter of this thesis. Therefore, this gearbox offers the possibility to investigate the influence of the modeling depth also further scientifically for softer housings in the future.

The determination of the transfer path between excitation in the gear mesh and emitted airborne noise was carried out in this work based on experimental measurement data. The advantage of this method is the consideration of gear-independent noise components, so that a very realistic gear noise can be synthesized based on the transfer functions. In the future, this synthesis step can be replaced by computationally determined transfer functions. This results in a closed calculation chain without the need for measurement data from experimental tests.

Finally, the developed calculation formula for annoyance can be applied to other gearboxes. In addition, the suitability of the calculation formula for the determination of the annoyance of motor-gearbox units can be checked and, if necessary, an improved calculation formula can be derived for these applications.

8 Literaturverzeichnis
References

[AHMA20] Ahmad, M.; Brimmers, J.; Brecher, C.: Influence of long-wave deviations on the quasi-static and dynamic excitation behavior at higher speeds. In: App. Acoust., 165. Jg., 2020, S. 1–11

[ALSH05] Al-shyyab, A.; Kahraman, A.: Non-linear dynamic analysis of a multimesh gear train using multi-term harmonic balance method. Sub-harmonic motions. In: J. Sound Vib., 279. Jg., 2005, Nr. 1-2, S. 417–451

[ARTO13] Artoni, A.; Guiggiani, M.; Kahraman, A.; Harianto, J.: Robust Optimization of Cylindrical Gear Tooth Surface Modifications Within Ranges of Torque and Misalignments. In: J. Mech. Des., 135. Jg., 2013, Nr. 12, S. 1–9

[ARTO19] Artoni, A.: A methodology for simulation-based, multiobjective gear design optimization. In: Mech. Mach. Theo., 133. Jg., 2019, S. 95–111

[AURE84] Aures, W.: Berechnungsverfahren für den Wohlklang beliebiger Schallsignale, ein Beitrag zur gehörbezogenen Schallanalyse. Diss. TU München, 1984

[BAET69] Baethge, J.: Drehwegfehler, Zahnfederhärte und Geräusch bei Strinrädern. Einfluß von Zahnform und Zahnfehler bei Belastung nach Theorie und Versuch. Diss. TU München, 1969

[BANS13] Bansemir, G.: Konstruktionsleitsystem für den durchgängig rechnerbasierten Zahnradgetriebeentwurf. Diss. TU München, 2013

[BEND10] Bendat, J.; Piersol, A.: Random data. Analysis and measurement procedures. 4. Aufl. Hoboken, NJ: Wiley, 2010

[BIHR16] Bihr, J.: Untersuchung des Schwingungsverhaltens von mehrstufigen Stirnradgetrieben unter besonderer Berücksichtigung des Welle-Lager-Systems. Diss. TU München, 2016

[BLEI14] Bleijlevens, M.; Kotwica, M.; Lauer, S.; Szasz, C.: Betriebsschwingungen an Großmotoren. Optimierung durch Simulation. In: MTZ, 75. Jg., 2014, Nr. 11, S. 24–28

[BONG90] Bong, H.-B.: Erweiterte Verfahren zur Berechnung von Stirnradgetrieben auf der Basis numerischer Simulation und der Methode Finiter Elemente. Diss. RWTH Aachen University, 1990

[BÖRN96] Börner, J.; Houser, D.: Friction and Bending Moments as Gear Noise Excitations. In: Proceedings of International Off-Highway and Powerplant Congress and Exposition. Indianapolis, 26.-28. August 1996. Warrendale: SAE International, 1996

[BORT00] Bortz, J.; Lienert, G.; Boehnke, K.: Verteilungsfreie Methoden in der Biostatistik. 2., korrigierte und aktualisierte Auflage. Aufl. Berlin, Heidelberg, s.l.: Springer Berlin Heidelberg, 2000

[BOSC65] Bosch, M.: Über das dynamische Verhalten von Stirnradgetrieben unter besonderer Berücksichtigung der Verzahnungsgenauigkeit. Diss. RWTH Aachen University, 1965

[BREC12] Brecher, C.; Brumm, M.; Carl, C.: Psychoakustische Bewertung der Geräuschanregung von Verzahnungen Tagung der Deutschen Arbeitsgemeinschaft für Akustik. Darmstadt, 19.-22. März 2012, 2012

[BREC16] Brecher, C.; Löpenhaus, C.; Konowalczyk, P.: FE-based Approaches for Tip Relief Design. In: Proceedings of 6th WZL Gear Conference in the USA. Ann Arbor, Michigan, 28. Juni 2016. Aachen: Apprimus, 2016

[BREC20] Brecher, C.: FE-Stirnradkette v4.2.27. Benutzeranleitung zum Programm, Forschungsvereinigung Antriebstechnik e.V., Frankfurt a.M., 2020

[BRIM20] Brimmers, J.: Funktionsorientierte Auslegung topologischer Zahnflankenmodifikationen für Beveloidverzahnungen. Diss. RWTH Aachen University, 2020

[BYRT11] Byrtus, M.; Zeman, V.: On modeling and vibration of gear drives influenced by nonlinear couplings. In: Mech. Mach. Theory, 46. Jg., 2011, Nr. 3, S. 375–397

[CAO02] Cao, J.: Anforderungs- und fertigungsgerechte Auslegung von Stirnradverzahnungen durch Zahnkontaktanalyse mit Hilfe der FEM. Diss. RWTH Aachen University, 2002

[CARL14] Carl, C.: Gehörbezogene Analyse und Synthese der vibroakustischen Geräuschanregung von Verzahnungen. Diss. RWTH Aachen University, 2014

[CHEO10] Cheon, G.-J.: Numerical study on reducing the vibration of spur gear pairs with phasing. In: J. Sound Vib., 329. Jg., 2010, Nr. 19, S. 3915–3927

[CRAI68] Craig Jr., R.; Bampton, M.: Coupling of Substructures for Dynamic Analyses. In: AIAA J., 6. Jg., 1968, Nr. 7, S. 1313–1319

[CREM96] Cremer, L.; Heckl, M.: Körperschall. Physikalische Grundlagen und technische Anwendungen. 2. Aufl. Berlin: Springer, 1996

[DIN05] Norm DIN 45681 (März 2005) Akustik. Bestimmung der Tonhaltigkeit von Geräuschen und Ermittlung eines Tonzuschlages für die Beurteilung von Geräuschimmissionen.

[DIN09] Norm DIN 45692 (August 2009) Messtechnische Simulation der Hörempfindung Schärfe.

[DIN10] Norm DIN 45631/A1 (März 2010) Berechnung des Lautstärkepegels und der Lautheit aus dem Geräuschspektrum - Verfahren nach E. Zwicker - Änderung 1: Berechnung der Lautheit zeitvarianter Geräusche.

[DIN11] Norm DIN EN ISO 3744 (Februar 2011) Akustik Bestimmung der Schallleistungs- und Schallenergiepegel von Geräuschquellen aus Schalldruckmessungen. Hüllflächenverfahren der Genauigkeitsklasse 2 für ein im Wesentlichen freies Schallfeld über einer reflektierenden Ebene.

[DIN78a] Norm DIN 3962 Teil 1 (August 1978) Toleranzen für Stirnradverzahnungen. Toleranzen für Abweichungen einzelner Bestimmungsgrößen.

[DIN78b] Norm DIN 3962 Teil 2 (August 1978) Toleranzen für Stirnradverzahnungen. Toleranzen für Flankenlinienabweichungen.

[DIN78c] Norm DIN 3962 Teil 3 (August 1978) Toleranzen für Stirnradverzahnungen. Toleranzen für Teilungs-Spannenabweichungen.

[DIN87a] Norm DIN 3990 Teil 2 (Dezember 1987) Tragfähigkeitsberechnung von Stirnrädern. Berechnung der Grübchentragfähigkeit.

[DIN87b] Norm DIN 3990 Teil 3 (Dezember 1987) Tragfähigkeitsberechnung von Stirnrädern. Berechnung der Zahnfußtragfähigkeit.

[DIN87c] Norm DIN 3960 (März 1987) Begriffe und Bestimmungsgrößen für Stirnräder (Zylinderräder) und Stirnradpaare (Zylinderradpaare) mit Evolentenverzahnung.

[DIN91] Norm DIN 45631 (März 1991) Berechnung des Lautstärkepegels und der Lautheit aus dem Geräuschspektrum. Verfahren nach E. Zwicker.

[DO15] Do, T.: Dynamics simulation of elastic gears with different flank profiles. Dissertation Universität Stuttgart, 2015

[DRES14] Dresig, H.; Fidlin, A.: Schwingungen mechanischer Antriebssysteme. Modellbildung, Berechnung, Analyse, Synthese. 3. Aufl. Berlin: Springer Vieweg, 2014

[ECMA18] ecma international ECMA 74 (Juni 2018) Measurement of Airborne Noise emitted by Information Technology and Telecommunications Equipment.

[EHRL85] Ehrlenspiel, K.; Figel, K.: Kostengünstige Übersetzungsaufteilung bei mehrstufigen Stirnradgetrieben. In: antriebstechnik, 1985, Nr. 24, S. 51–54

[ELEK15] Elektromobilität Forschergruppe Editha: Messrad zur Ermittlung der angreifenden Achskräfte. https://www.editha.ovgu.de/Newsticker/Archiv+2012_2018-p-82.html [Stand: 26.03.2021]

[ELLE08] Ellermeier, W.; Hellbrück, J.; Kohlrausch, A.; Zeitler, A.: Kompendium zur Durchführung von Hörversuchen in Wissenschaft und industrieller Praxis. Kompendium DEGA, 2008

[ELLE16] Ellermeier, W.; Melz, T.; Bös, J.; Schlittenlacher, J.; Moritz, K.: Erweiterte Signalanalyse. Entwicklung der psychoakustischen Analysen von Luftschall und Übertragung auf Körperschallsignale in der Antriebstechnik. Abschlussbericht zum Forschungsvorhaben Nr. 679 I, Heft 1192, Forschungsvereinigung Antriebstechnik e.V., Frankfurt a.M., 2016

[ERNS14] Ernst, M.; Hirz, M.; Stadler, S.: A Method of CAD Based Automation and Simulation by the Example of Virtual Stone Chipping Testing. In: Computer-Aided Design and Applications, 11. Jg., 2014, Nr. 3, S. 295–304

[FALK56] Falk, S.: Die Berechnung des beliebig gestützten Durchlaufträgers nach dem Reduktionsverfahren.Springer Berlin Heidelberg (Hg.) 1956 – Ingenieur-Archiv, S. 216–232

[FAST07] Fastl, H.; Zwicker, E.: Psychoacoustics. Facts and models. Bd. Nr. 22, 3. Aufl. Berlin: Springer, 2007

[FECH03] Fechler, J.: Rechnergestützte maschinenakustische Analyse eines Verbrennungsmotor-Getriebe-Systems. Diss. RWTH Aachen University, 2003

[FELD13] Feldhusen, J.; Grote, K.-H.: Pahl/Beitz Konstruktionslehre. Methoden und Anwendung erfolgreicher Produktentwicklung. 8. Aufl. Berlin: Springer, 2013

[FIET13] Fietkau, P.: Transiente Kontaktberechnung bei Fahrzeuggetrieben. Diss. Universität Stuttgart, 2013

[FING09] Fingerhuth, S.: Tonalness and consonance of technical sounds. fr. Diss. RWTH Aachen University, 2009

[FRED10] Fredelake, S.; Holube, I.: Qualitätsbeurteilungen durch Paarvergleich. In: Z Audiol, 49. Jg., 2010, Nr. 4, S. 149–156

[FRÜH08] Früh, P.: Dynamik von Zahnradgetrieben. Modellbildung, Simulation und experimentelle Analyse. Diss. Universität Rostock, 2008

[GACK13] Gacka, A.: Entwicklung einer Methode zur Abbildung der dynamischen Zahneingriffsverhältnisse von Stirn- und Kegelradsätzen. Diss. RWTH Aachen University, 2013

[GEIS02] Geiser, H.: Grundlagen zur Beurteilung des Schwingungsverhaltens von Stirnrädern. Diss. TU München, 2002

[GENU10] Genuit, K.: Sound-Engineering im Automobilbereich. Methoden zur Messung und Auswertung von Geräuschen und Schwingungen. Berlin: Springer, 2010

[GERB84] Gerber, H.: Innere dynamische Zusatzkräfte bei Stirnradgetrieben. Modellbildung, Innere Anregung und Dämpfung. Diss. TU München, 1984

[GKN21] GKN: GKN Automotive technology helps drive mass market hybridization. https://www.gknautomotive.com/en/insights/bmw-2series/ [Stand: 08.04.2021]

[GOLD79] Gold, P.: Statisches und dynamisches Verhalten mehrstufiger Zahnradgetriebe. Diss. RWTH Aachen University, 1979

[GRAF07] Graf, B.: Validierung von Methoden zur Berechnung und Reduzierung der Schallabstrahlung von Getriebegehäusen. Diss. TU Ilmenau, 2007

[GRIG10] Griggel, T.: Einfluss von Korrekturen und Fertigungsabweichungen auf die Schwingungsanregung von Stirnrädern. Diss. TU München, 2010

[GUO14] Guo, Y.; Eritenel, T.; Ericson, T.; Parker, R.: Vibro-acoustic propagation of gear dynamics in a gear-bearing-housing system. In: J. Sound Vib., 333. Jg., 2014, Nr. 22, S. 5762–5785

[HAAS00] Haas, R.: Akustisches Verhalten des Systems Asynchronmotor-Getriebe. Diss. RWTH Aachen University, 2000

[HAME18] Hameyer, K.; Schröder, M.; Jaeger, M.; Jacobs, G.; Berroth, J.; Drichel, P.; Vorländer, M.; Behler, G.; Müller-Giebeler, M.: Erweiterung NVH Simulationsmodell. Erweiterung der Simulationsmöglichkeiten für maschinenakustische Untersuchungen an E-Motive-Antrieben im Kontext zur Fahrzeugstruktur. Sachstandsbericht zum Forschungsvorhaben Nr. 682 II (Berichtszeitraum: 04.11.2017 – 01.05.2018), Forschungsvereinigung Antriebstechnik e.V., Frankfurt a.M., 2018

[HEAD11] HEAD acoustics: Durchführung von Hörversuchen. Application Note HEAD acoustics, 2011

[HEAD16a] HEAD acoustics: Psychoakustik II. Berechnung psychoakustischer Parameter in der ArtemiS SUITE. Application Note HEAD acoustics, 2016

[HEAD16b] HEAD acoustics: Psychoakustik I. Lautheits- und Schärfe-Berechnung in der ArtemiS SUITE. Application Note HEAD acoustics, 2016

[HEAD18] HEAD acoustics: Modulationsanalyse. Modulationsanalyse in der ArtemiS SUITE. Application Note HEAD acoustics, 2018

[HELL15] Hellmann, M.: Fertigungsabweichungen in der Auslegung von Zahnflankenmodifikationen für Stirnradverzahnungen. Diss. RWTH Aachen University, 2015

[HEMM07] Hemmelmann, J.: Simulation des lastfreien und belasteten Zahneingriffs zur Analyse der Drehübertragung von Zahnradgetrieben. Diss. RWTH Aachen University, 2007

[HENR09] Henriksson, M.: On noise generation and dynamic transmission error of gears. Diss. Royal Institute of Technology, 2009

[HERI12] Hering, T.: Strukturintensitätsanalyse als Werkzeug der Maschinenakustik. Diss. TU Darmstadt, 2012

[HESI08] He, S.; Singh, R.; Pavic, G.: Effect of sliding friction on gear noise based on a refined vibro-acoustic formulation. In: Noise Control Eng. J., 56. Jg., 2008, Nr. 3, S. 164–175

[HESS12] Hesse, J.: Verzahnungsanregung im Antriebsstrang. Diss. RWTH Aachen University, 2012

[HOFA15] Hofacker, A.: Akustik für Fahrzeuge mit elektrifiziertem Antrieb. In: ATZ Automobiltech Z, 117. Jg., 2015, Nr. 5, S. 8–13

[HOHL02] Hohle, A.: Auswirkungen von Rauheit Oberflächenstruktur und Fertigungsabweichung auf das Lauf- und Geräuschverhalten hartfeinbearbeiteter hochüberdeckender Zylinderräder. Diss. RWTH Aachen University, 2002

[HOUS89] Houser, D.; Blankenship, G.: Methods for Measuring Gear Transmission Error Under Load and at Operating Speeds. In: Proceedings of International Off-Highway and Powerplant Congress and Exposition. Milwaukee, 10.-13. September, 1989. Warrendale: SAE International, 1989

[IRMS17] Irmscher, C.; Koch, S.; Daniel, C.; Woschke, E.: Radlastmessung an einem Elektrofahrzeug bei verschiedenen Fahrbahnbelägen inklusive Sonder-und Missbrauchsereignissen. In: Tagungsband zu 13. Magdeburger Maschinenbau-Tage. Magdeburg, 27.-28. September 2017, 2017

[ISO13] Norm ISO 1328 Part 1 (September 2013) Cylindrical Gears - ISO system of flank folerance classification.

[ISO14] Norm DIN ISO 21771 (August 2014) Zylinderräder und Zylinderradpaare mit Evolventenverzahnung. Begriffe und Geometrie.

[ISO19a] Norm ISO 6336 Teil 6 (November 2019) Calculation of load capacity of spur and helical gears. Calculation of service life under variable load.

[ISO19b] Norm ISO 6336 Teil 3 (November 2019) Calculation of load capacity of spur and helical gears. Calculation of tooth bending strength.

[ISO19c] Norm ISO 6336 Teil 2 (November 2019) Calculation of load capacity of spur and helical gears. Calculation of surface durability (pitting).

[ISO20] Norm ISO 1328 Part 2 (Februar 2020) Cylindrical gears - ISO system of flank tolerance classification.

[JARO06] Jaroš, M.: Integration des STEP-Produktmodells in den Getriebeentwicklungsprozess. Diss. TU München, 2006

[KAHR90] Kahraman, A.; Singh, R.: Non-linear dynamics of a spur gear pair. In: J. Sound Vib., 142. Jg., 1990, Nr. 1, S. 49–75

[KAME69a] Kameoka, A.; Kuriyagawa, M.: Consonance Theory Part I. Consonance of Dyads. In: J. Acoust. Soc. Am., 45. Jg., 1969, Nr. 6, S. 1451–1459

[KAME69b] Kameoka, A.; Kuriyagawa, M.: Consonance Theory Part II. Consonance of Complex Tones and Its Calculation Method. In: J. Acoust. Soc. Am., 45. Jg., 1969, Nr. 6, S. 1460–1469

[KAMP16] Kamper, T.: Validierte Modellierungsmethodik für die Simulation des Körperschallverhaltens von Getrieben in Windenergieanlagen. Diss. RWTH Aachen University, 2016

[KEND75] Kendall, M.: Rank Correlation Methods. 4. Aufl. London: Charles Griffin, 1975

[KIM20] Kim, S.; Moon, S.; Sohn, J.; Park, Y.; Choi, C.; Lee, G.: Macro geometry optimization of a helical gear pair for mass, efficiency, and transmission error. In: Mech. Mach. Theo., 144. Jg., 2020, S. 1–13

[KLEM05] Klemenz, M.: Die Geräuschqualität bei der Anfahrt elektrischer Schienenfahrzeuge. Diss. RWTH Aachen University, 2005

[KLIN08] Klingelnberg, J.: Kegelräder. Grundlagen, Anwendungen. Berlin: Springer, 2008

[KLOC17] Klocke, F.; Brecher, C.: Zahnrad- und Getriebetechnik. Auslegung - Herstellung - Untersuchung - Simulation. 1. Aufl. München: Hanser, 2017

[KOLL00] Kollmann, F.: Maschinenakustik. Grundlagen, Meßtechnik, Berechnung, Beeinflussung. 2. Aufl. Berlin: Springer, 2000

[KOTT18] Kotthoff, G.: NVH Potential of PM Gears for Electrified Drivetrains. In: Gear Technology, 2018, Nr. 9-10, S. 40–43

[KUBU04] Kubur, M.; Kahraman, A.; Zini, D.; Kienzle, K.: Dynamic Analysis of a Multi-Shaft Helical Gear Transmission by Finite Elements. Model and Experiment. In: J. Vib. Acoust., 126. Jg., 2004, Nr. 3, S. 398–406

[KURU15] Kurutas, S.: Prognose und Optimierung von Getriebeschwingungen an der Schnittstelle zum Fundament. Diss. RWTH Aachen University, 2015

[LAND03] Landvogt, A.: Einfluss der Hartfeinbearbeitung und der Flankentopographieauslegung auf das Lauf- und Geräuschverhalten von Hypoidverzahnungen mit bogenförmiger Flankenlinie. Diss. RWTH Aachen University, 2003

[LAUE07] Lauer, M.; Ries, R.; Gindele, J.: Hochauflösende Drehschwingungsmessung zur Analyse von Verzahnungsgeräuschen im Triebstrang. In: Brill, U.; Laschet, A. (Hrsg.): Systemanalyse in der Kfz-Antriebstechnik. Renningen: Expert, 2007

[LETJ19] Letjens, U.; Oetjen, A.; Goecke, D.; Maiberger, D.: Practical experience with psychoacoustics in automotive engineering 23rd International Congress on Acoustics. Aachen, 9 to 13 September 2019, 2019

[LINK10] Linke, H.: Stirnradverzahnung. Berechnung - Werkstoffe - Fertigung. 2. Aufl. München: Hanser, 2010

[LUND04] Lundvall, O.; Strömberg, N.; Klarbring, A.: A flexible multi-body approach for frictional contact in spur gears. In: J. Sound Vib., 278. Jg., 2004, Nr. 3, S. 479–499

[LYON95] Lyon, R.; DeJong, R.: Theory and application of statistical energy analysis. 2. Aufl. Boston: Butterworth-Heinemann, 1995

[MAND06] Mandt, D.: Eigenschaften und Einsatzverhalten von leichten und dämpfenden Werkstoffverbund-Zahnrädern. Diss. RWTH Aachen University, 2006

[MASH06] Mashinter, K.: Calculating Sensory Dissonance: Some Discrepancies Arising from the Models of Kameoka & Kuriyagawa, and Hutchinson & Knopoff. 2006, Nr. 1, S. 65–84

[MÖLL82] Möllers, W.: Parametererregte Schwingungen in einstufigen Zylinderradgetrieben. Einfluß von Verzahnungsabweichungen und Verzahn ungssteifigkeitsspektren. Diss. RWTH Aachen University, 1982

[MORI17] Moritz, K.: Luftschall- und körperschallbasierte psychoakustische Analyse von Getriebegeräuschen. Diss. TU Darmstadt, 2017

[MÖSE82] Möser, H.: Übersetzungsaufteilung bei mehrstufigen Getrieben. In: Maschinenbautechnik, 1982, Nr. 31, S. 171–173

[MÜLL91] Müller, R.: Schwingungs- und Geräuschanregung bei Stirnradgetrieben. Diss. TU München, 1991

[NAAS01] Naas, J.; Stoffels, H.; Troska, A.: Integrierte Berechnung zur Optimierung des Verzahnungsgeräusches eines Pkw-Handschaltgetriebes. In: ATZ Automob. Zeitschrift, 103. Jg., 2001, Nr. 1, S. 16–23

[NAUN07] Naunheimer, H.; Bertsche, B.; Lechner, G.; Ryborz, J.; Novak, W.: Fahrzeuggetriebe. Grundlagen, Auswahl, Auslegung und Konstruktion. 2. Aufl. Berlin: Springer, 2007

[NEHE12] Neher, J.: Rechnerische und experimentelle Untersuchungen der Schallabstrahlung bei Fahrzeuggetrieben. Diss. TU Ilmenau, 2012

[NEUB18] Neubauer, P.; Bös, J.; Melz, T.: Online listening test to evaluate the gear mesh noise of inequidistant gearings. In: Beitrag zur Tagung der Deutschen Arbeitsgemeinschaft für Akustik. München, 2018

[NEUP83] Neupert, B.: Berechnung der Zahnkräfte Pressungen und Spannungen von Stirn- und Kegelradgetrieben. Diss. RWTH Aachen University, 1983

[NIEM03] Niemann, G.; Winter, H.: Maschinenelemente. Band 2: Getriebe allgemein, Zahnradgetriebe - Grundlagen, Stirnradgetriebe. Bd. Nr. 2, 2. Aufl. Berlin: Springer, 2003

[OHLE58] Ohlendorf, H.: Verlustleistung und Erwärmung von Stirnrädern. Einfluß von Schmierung, Zahnform, Bearbeitung, Werkstoff, Belastung und Umfangsgeschwindigkeit auf den Verlustgrad die Erwärmung von Stirnrädern mit Geradverzahnung. Diss. TU München, 1958

[OPIT68] Opitz, H.: Geräuschuntersuchungen an Zahnradgetrieben. Bd. Nr. 1977, Wiesbaden: VS Verlag für Sozialwissenschaften, 1968

[PALE12] Palermo, A.; Mundo, D.; Hadjit, R.; Mas, P.; Desmet, W.: Multibody modelling of shuttling excitation in spur and helical geared transmissions. In: Proceedings of Leuven, 17.-19. September 2012, 17.-19. September 2012, S. 3995–4006

[PANN08] Pannert, W.; Kleppmann, W.; Ziegler, B.; Weidler, M.: Untersuchungen zur Lästigkeit von Getriebegeräuschen. In: VDI-Z, 2052. Jg., 2008, S. 67–76

[PARL16] Parlow, J.: Entwicklung einer Methode zum anforderungsgerechten Entwurf von Stirnradgetrieben. Diss. TU München, 2016

[PATI19] Patil, M.; Ramkumar, P.; Shankar, K.: Multi-objective optimization of the two-stage helical gearbox with tribological constraints. In: Mech. Mach. Theo., 138. Jg., 2019, S. 38–57

[PERE07] Perez, R.; Behdinan, K.: Particle swarm approach for structural design optimization. In: Comp. Struc., 85. Jg., 2007, Nr. 19-20, S. 1579–1588

[PIEL20] Piel, D.: Methode zur Beschreibung und Optimierung des Anregungsverhaltens von Planetengetrieben. Diss. RWTH Aachen University, 2020

[PLAC88] Placzek, T.: Lastverteilung und Flankenkorrektur in gerad- und schrägverzahnten Stirnradstufen. Diss. TU München, 1988

[PLEW92] Plewnia, C.: Drehübertragungs- und Geräuschverhalten bogenverzahnter Kegelradgetriebe. Diss. RWTH Aachen University, 1992

[PLOM65] Plomp, R.; Levelt, J.: Tonal Consonance and Critical Bandwidth. In: J. Acoust. Soc. Am., 38. Jg., 1965, Nr. 4, S. 548–560

[RÖMH93] Römhild, I.: Auslegung mehrstufiger Stirnradgetriebe- Übersetzungsaufteilung für minimale Masse und Wahl der Profilverschiebung auf der Basis neuer Berechnungsgrundlagen. Diss. TU Dresden, 1993

[SALJ87] Saljé, H.: Optimierung des Laufverhaltens Evolventischer Zylinderrad-Leistungsgetriebe. Einfluß der Verzahnungsgeometrie auf Geräuschemission und Tragfähigkeit. Diss. RWTH Aachen University, 1987

[SANZ16] Sanzenbacher, S.: Reduzierung von Getriebegeräuschen durch Körperschallminderungsmaßnahmen. Diss. Universität Stuttgart, 2016

[SATT97] Sattelberger, K.: Schwingungs- und Geräuschanregung bei ein- und mehrstufigen Stirnradgetrieben. Diss. TU München, 1997

[SAVS10] Savsani, V.; Rao, R.; Vakharia, D.: Optimal weight design of a gear train using particle swarm optimization and simulated annealing algorithms. In: Mech. Mach. Theo., 2010, Nr. 45, S. 531–541

[SCHÄ08] Schäfer, J.: Erweiterung des Linienkontaktmodells für die Finite-Elemente-basierte Zahnkontaktanalyse von Stirnradverzahnungen. Diss. RWTH Aachen University, 2008

[SCHL95] Schlenk, L.: Untersuchungen zur Fresstragfähigkeit von Großzahnrädern. Diss. TU München, 1995

[SCHM73] Schmidt, G.: Berechnung der Wälzpressung schrägverzahnter Stirnräder unter Berücksichtigung der Lastverteilung. Diss. TU München, 1973

[SCHÖ96] Schösser, F.: Untersuchungen des Körperschall- und Abstrahlverhaltens von Getrieben mit der Zielsetzung einer aktiven Lärmminderung. Diss. TU Darmstadt, 1996

[SCHU08] Schulze, T.: Ganzheitliche dynamische Antriebsstrangbetrachtung von Windenergieanlagen unter Verwendung modularer Simulationsmodelle. Diss. TU Dresden, 2008

[SCHU12] Schuh, G.: Innovationsmanagement. Bd. Nr. 3, 2. Aufl. Berlin: Springer, 2012

[SIMP20] SIMPACK GmbH: SIMPACK 2020x Documentation. Firmenschr. SIMPACK GmbH, 2020

[SMIT88] Smith, J.: The Uses and Limitations Of Transmission Error. In: Gear Technol., 1988, Nr. Vol. 5/6, S. 34–39

[SOTT16] Sottek, R.: A Hearing Model Approach to Time-Varying Loudness. In: Acta Acustica united with Acustica, 102. Jg., 2016, Nr. 4, S. 725–744

[SOTT93] Sottek, R.: Modelle zur Signalverarbeitung im menschlichen Gehör. Diss. RWTH Aachen University, 1993

[SOTT94] Sottek, R.: Gehörgerechte Rauigkeitsberechnung. In: Beitrag zur Tagung der Deutschen Arbeitsgemeinschaft für Akustik. Dresden, 15.-17. März 1994, 1994, S. 1201–1204

[STEI07] Steinberg, K.: With all senses. The first book on how to eliminate interfering sound in the car. 1. Aufl. Eching: wjr-Verl., 2007

[TEJA17] Teja, R.; Milind, T.; Glover, R.; Sonawane, S.: Dynamic Analysis of Helical Gear Pair Due to TE and Shuttling Moment Excitations Noise and Vibration Conference and Exhibition. JUN. 12, 2017: SAE International400 Commonwealth Drive, Warrendale, PA, United States, 2017

[TENB96] Tenberge, H.-J.: Anwendung mathematischer und wissensbasierter Verfahren zur Stirnradauslegung. Diss. RWTH Aachen University, 1996

[TESC69] Tesch, F.: Der fehlerhafte Zahneingriff und seine Auswirkungen auf die Geräuschabstrahlung. Diss. RWTH Aachen University, 1969

[THUR27] Thurstone, L.: The method of paired comparisons for social values. In: The Journal of Abnormal and Social Psychology, 21. Jg., 1927, Nr. 4, S. 384–400

[TIET12] Tietzel, K.; Hahn, T.: SIMPACK News December 2012. Enhanced Modeling of Rolling Bearings. Firmenschr. Schaeffler Technologies AG & Co. KG, 2012

[TOPP66] Toppe, A.: Untersuchungen über die Geräuschanregung bei Stirnrädern unter besonderer Berücksichtigung der Fertigungsgenauigkeit. Diss. RWTH Aachen University, 1966

[UTAK18] Utakapan, T.; Kohn, B.; Fromberger, M.; Otto, M.; Stahl, K.: Auswertung des Anregungsverhaltens eines mehrstufigen Getriebes. In: Forsch Ingenieurwes, 178. Jg., 2018, Nr. 8, S. 1–13

[VAIS01] Vaishya, M.; Singh, R.: Analysis of periodically varying gear mesh systems with coulomb friction using floquet theory. In: J. Sound Vib., 243. Jg., 2001, Nr. 3, S. 525–545

[VAJN18] Vajna, S.; Weber, C.; Zeman, K.; Hehenberger, P.; Gerhard, D.; Wartzack, S.: CAx für Ingenieure. Eine praxisbezogene Einführung. 3., vollständig neu bearbeitete. Aufl. Berlin: Springer Vieweg, 2018

[VDI01] Richtlinie VDI 2608 (März 2001) Einflanken- und Zweiflanken-Wälzprüfung an Zylinderrädern, Kegelrädern. Schnecken und Schneckenrädern.

[VDI90] Richtlinie VDI 3720 (Januar 1990) Lärmarm Konstruieren - Leistungsgetriebe – Minderung der Körperschallanregung im Zahneingriff.

[VELE00] Velex, P.; Cahouet, V.: Experimental and Numerical Investigations on the Influence of Tooth Friction in Spur and Helical Gear Dynamics. In: J. Mech. Des., 122. Jg., 2000, Nr. 4, S. 515–522

[VELE06] Velex, P.; Ajmi, M.: On the modelling of excitations in geared systems by transmission errors. In: J. Sound Vib., 290. Jg., 2006, Nr. 3-5, S. 882–909

[VELE07] Velex, P.; Ajmi, M.: Dynamic tooth loads and quasi-static transmission errors in helical gears – Approximate dynamic factor formulae. In: Mech. Mach. Theory, 42. Jg., 2007, Nr. 11, S. 1512–1526

[VINA95] Vinayak, H.; Singh, R.; Padmanabhan, C.: Linear dynamic analysis of multi-mesh transmissions containing external, rigid gears. In: J. Sound Vib., 185. Jg., 1995, Nr. 1, S. 1–32

[WAGN18] Wagner, W.; Schumann, S.; Schlecht, B.: Co-simulation of the tooth contact of bevel gears within a multibody simulation. In: Proceedings of International Gear Conference 2018. Lyon Villeurbanne, 27-29 August 2018. Oxford: Chartridge Books Oxford, 2018, S. 253–260

[WEBE55] Weber, C.; Banaschek, K.: Formänderung und Profilrücknahme bei gerad- und schrägverzahnten Rädern. 2. Aufl. Braunschweig: Vieweg, 1955

[WEBE87] Weber, W.: Akustische Modellgesetze für die Schallleistung von Getriebebaureihen. Diss. TH Darmstadt, 1987

[WECK03] Weck, M.; Schlattmeier, H.; Schäfer, J.: Kontaktmodell mehrfacher Zahneingriff. Berechnung von Stirnradpaarungen mit Mehrfacheingriffen mit Hilfe der Finite-Elemente-Methode. Abschlussbericht zum FVA Forschungsvorhaben Nr. 377, Heft 723, Forschungsvereinigung Antriebstechnik e.V., Frankfurt a.M., 2003

[WECK06] Weck, M.; Brecher, C.: Werkzeugmaschinen. Konstruktion und Berechnung. Bd. Nr. 2, 8. Aufl. Berlin: Springer, 2006

[WECK79] Weck, M.; Klumpers, K.: Experimentelle und theoretische Bestimmung der Dämpfungskennwerte von Wälzlagern und Wälzlagersystemen. Abschlussbericht zum Forschungsvorhaben Nr. 19, Heft 68, Forschungsvereinigung Antriebstechnik e.V., Frankfurt a.M., 1979

[WECK92] Weck, M.: Moderne Leistungsgetriebe. Verzahnungsauslegung und Betriebsverhalten. Berlin: Springer, 1992

[WEGE17] Wegerhoff, M.: Methodik zur numerischen NVH Analyse eines elektrifizierten PKW Antriebsstrangs. Diss. RWTH Aachen University, 2017

[WEST21] Westphal, C.; Brimmers, J.; Brecher, C.: Analysis of the Operational Behavior of a High-Speed Planetary Gear Stage for Electric Heavy-Duty Trucks in Multi-Body Simulation. In: Pow. Trans. Eng., 2021, Nr. 3, S. 46–54

[WIMM06] Wimmer, A.: Lastverluste von Stirnradverzahnungen. Konstruktive Einflüsse, Wirkungsgradmaximierung, Tribologie. Diss. TU München, 2006

[WINK75] Winkler, A.: Über das dynamische Verhalten schnellaufender Zylinderradgetriebe. Diss. RWTH Aachen University, 1975

[WITT94] Wittke, W.: Beanspruchungsgerechte und geräuschoptimierte Strinradgetriebe Toleranzvorgaben und Flankenkorrekturen. Diss. RWTH Aachen University, 1994

[YOKO98] Yokota, T.; Taguchi, T., Gen, M: A solution method for optimal weight design problem of the gear using genetic algorithms. In: Computers & Industrial Engineering, 1998, Nr. 35, S. 523–526

[ZHOU11] Zhou, C.; Young, S.; Tang, Y.: Two-stage Gear Driveline Vibration and Noise. In: SAE Tech. Pap., 2011

[ZIEG12] Ziegler, P.: Dynamische Simulation von Zahnradkontakten mit elastischen Modellen. Diss. Universität Stuttgart, 2012

[ZIEG71] Ziegler, H.: Verzahnungssteifigkeit und Lastverteilung schrägverzahnter Stirnräder. Diss. RWTH Aachen University, 1971

9 Anhang
Appendix

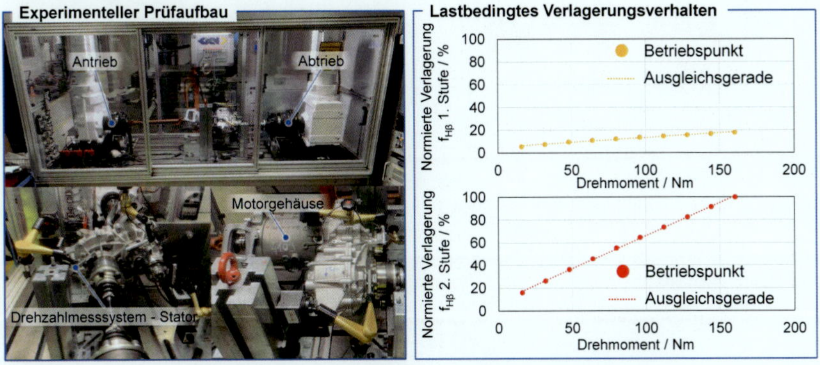

Bild 9.1: Zweistufiges E-Mobilitätsgetriebe: Prüfaufbau und Verlagerungen
Two-stage E-Mobility Gearbox: Test Setup and Displacement

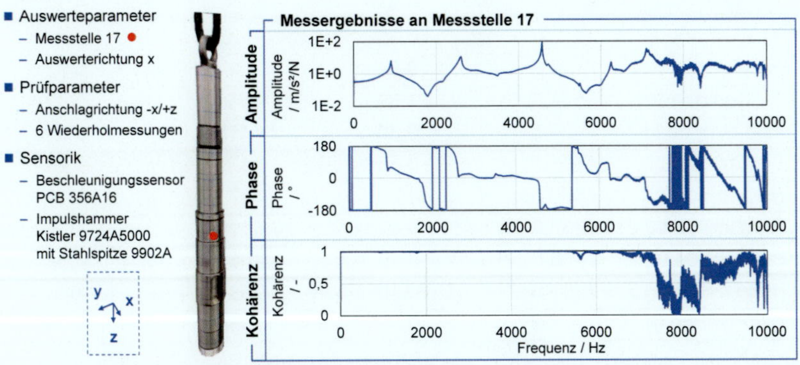

Bild 9.2: Auswertung der Modalanalyse: Beispiel von Amplitude, Phase und Kohärenz
Evaluation of the Modal Analysis, Example of Amplitude, Phase and Coherence

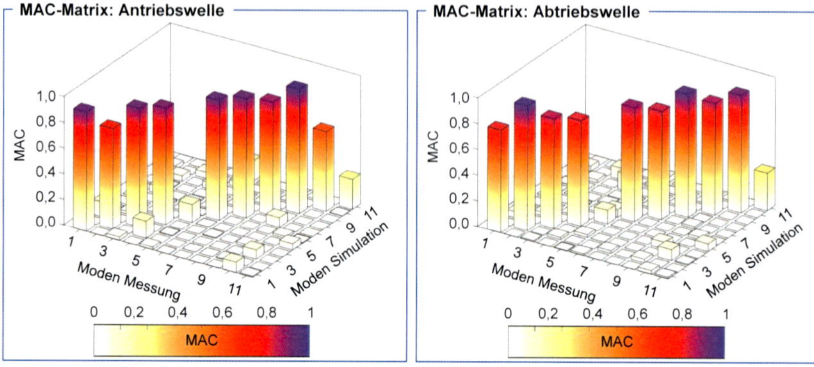

Bild 9.3: MAC-Matrizen an Antriebs- und Abtriebswelle
MAC-Matrices on Input and Output Shaft

Tabelle 9.1 **Eigenfrequenzen an An- und Abtriebswelle**
Natural Frequencies at Input and Output Shaft

	Antriebswelle		Abtriebswelle	
Mode	Frequenz / Hz	Dämpfung / %	Frequenz / Hz	Dämpfung / %
Y: Biegemode I	920,0	0,87	925,0	0,12
X: Biegemode I	921,7	0,45	940,0	0,21
Y: Biegemode II	2579,3	0,91	2514,0	0,72
X: Biegemode II	2584,7	1,69	2563,3	0,32
Torsionsmode I	4425,5	0,38	4450,2	0,01
Y: Biegemode III	4676,9	0,56	4499,0	0,28
X: Biegemode III	4680,8	0,59	4571,1	0,19
Stauchmode I	6238,8	0,42	6196,2	0,3
X: Biegemode IV	7108,0	0,10	7067,4	0,08
Y: Biegemode IV	7160,9	0,19	7037,5	0,1
Torsionsmode II	7728,3	0,02	7688,5	0,04

Tabelle 9.2 **Eigenfrequenzen an der Verbindungswelle**
Natural Frequencies at the Intermediate Shaft

	Verbindungswelle				
Mode	Frequenz / Hz	Dämpfung / %	Mode	Frequenz / Hz	Dämpfung / %
Y-I	541,0	0,96	Y-IV	3259,0	0,05
X-I	557,8	0,68	X-IV	3287,6	0,15
Y-II	1167,7	0,55	T-I	3748,7	0,25
X-II	1224,5	0,44	Y-IV	4417,9	0,05
Y-III	2240,9	0,26	X-IV	4520,7	0,12
X-III	2254,3	0,09	S-I	4691,8	0,14

Tabelle 9.3 Eigenfrequenzen an den Baugruppen An- und Abtriebswelle

Natural Frequencies at the Input and Output Shaft Assemblies

	Baugruppe Antriebswelle		Baugruppe Abtriebswelle	
Mode	Frequenz / Hz	Dämpfung / %	Frequenz / Hz	Dämpfung / %
Y: Biegemode I	982,4	0,90	904,3	1,01
X: Biegemode I	954,6	1,29	917,3	0,36
Torsionsmode I	1305,6	0,25	1364,0	0,31
Y: Biegemode II	2208,9	2,41	2148,4	1,33
X: Biegemode II	2225,5	2,03	2159,1	1,36
Stauchmode I	3209,8	0,57	3025,4	0,33
Y: Biegemode III	3682,2	0,11	3057,0	1,05
X: Biegemode III	3684,3	0,11	3245,7	1,26
Stauchmode II	5288,8	0,03	4852,3	0,41

Tabelle 9.4 Eigenfrequenzen an der Baugruppe Verbindungswelle

Natural Frequencies at the Intermediate Shaft Assembly

	Baugruppe Verbindungswelle				
Mode	Frequenz / Hz	Dämpfung / %	Mode	Frequenz / Hz	Dämpfung / %
Y-I	562,3	1,82	X-III	1749,1	0,56
X-I	563,5	1,33	Y-IV	2728,3	0,59
Y-II	1031,7	1,23	Y-IV	2750,2	0,48
X-II	1040,9	1,18	S-I	3232,4	0,37
T-I	1591,1	0,31	Y-V	3678,3	0,96
Y-III	1746,1	0,56	Y-V	3761,3	0,66

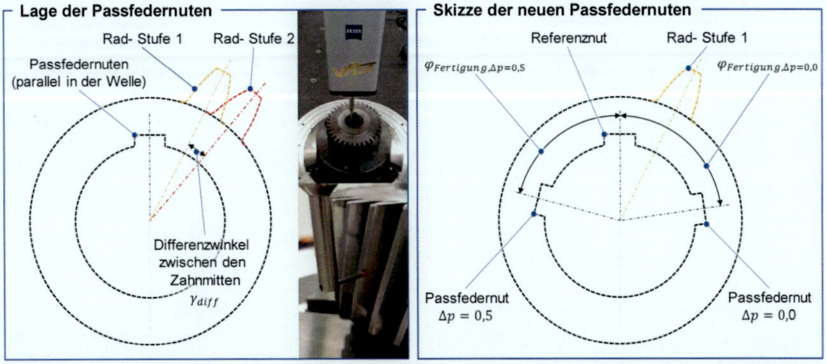

Bild 9.4: Bestimmung und Definition der Phasenverschiebung an existierenden Radsätzen

Determination and Definition of the Phase Shift of Existing Gear Sets

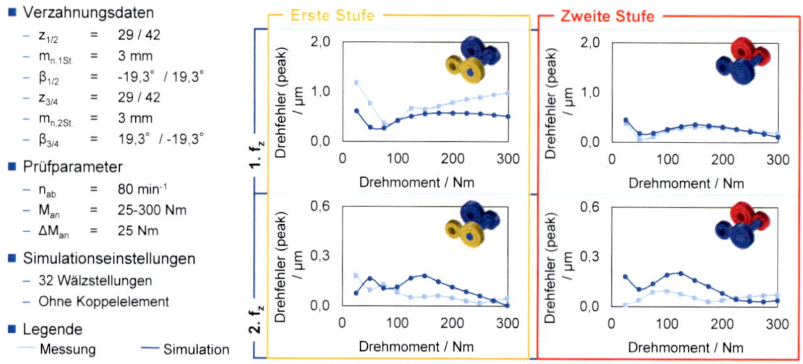

Bild 9.5: Quasistatisches Anregungsverhalten bei veränderter Mikrogeometrie (V7)
Quasi-Static Excitation Behavior for Adjusted Micro Geometry (V7)

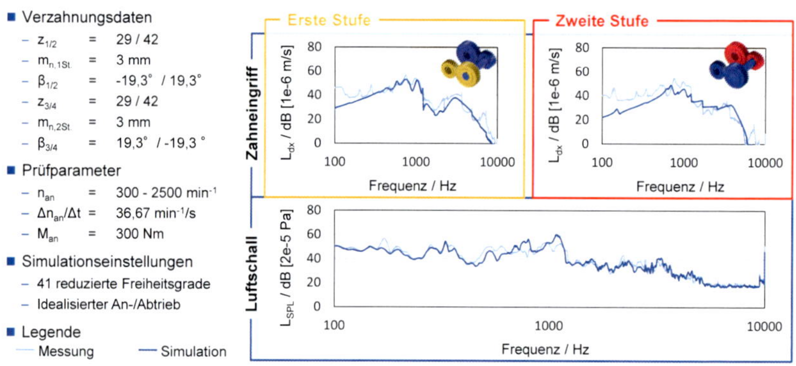

Bild 9.6: Dynamisches Anregungs- und Geräuschverhalten für Variante 7
Dynamic Excitation and Noise Behavior for Variant 7

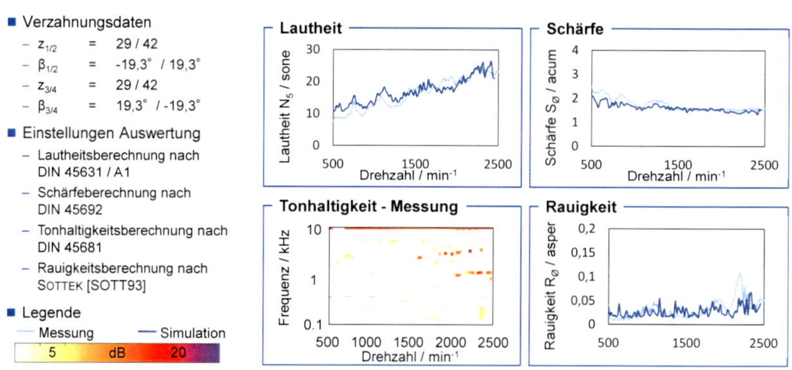

Bild 9.7: Gehörbezogenes Geräuschverhalten für Variante 7
Hearing-Related Noise Behavior for Variant 7

Ausgabe 1 vom 04.09.2019

WZL · RWTH AACHEN UNIVERSITY	**Anforderungsliste**	Projekt Nr.: **AK GK**
		Leiter: **Schroers**
	fuer: **Demonstratorgetriebe**	Blatt: **1** Seite: **1**

Aender.	F W	Anforderung	Verantw.
		Anwendungsgebiet	
	F	Ermöglichung verschiedener Untersuchungsziele (Makro-/Mikro-/Radkörpergeometrie, alternative Werkstoffe)	
	F	Validierung von Simulationsmodellen	
		Leistungsdaten	
	W	Drehzahlbereich $n_{an,max}$ = 20.000 min^{-1}	
	F	Drehzahlbereich $n_{an,max}$ = 15.000 min^{-1}	
	F	Maximales Drehmoment $M_{an,max}$ = 95 Nm (Grenze Antriebsmotor)	
		Verzahnungsgeometrie	
	F	Gesamtübersetzung $10 < i_{ges} < 20$	
	F	Mindestsicherheiten gegen Zahnflanken (S_H = 1,2)- und Zahnfußschäden (S_F = 1,2)	
	F	Achsabstand festlegen im Spannungsfeld Praxisnähe und Bauraumbedarf Messtechnik	
	F	Realitätsnahe Modifikationen (Profil-/Flankenlinienkorrektur, Profil-/Breitenballigkeit, Verschränkung, Kopfrücknahme)	
		Strukturkomponenten	
	F	Gehäuse mit möglichst realistischen Steifigkeiten	
	W	An-/Abtriebswelle auf gleicher Höhe	
	W	Aufhängung über (realitätsnahe) Dämpferelemente	
	F	Betriebsfestigkeit garantieren	
		Welle-Lager-Konzept	
	F	Lagerkonzept mit möglichst realistischen Steifigkeiten	
	F	Betriebsfestigkeit garantieren	
		Schmierungskonzept	
	W	Tauchschmierung	
		Messtechnik und Auswertung	
	F	Drehbeschleunigung möglichst nah am Zahneingriff an jeder Welle	
	F	Körperschall auf der Gehäuseoberfläche	
	F	Luftschall unter Freifeldbedingungen	
	W	Drehfehler	
	W	Messkugel-/zylinderlager (über Verschiebungen auf Axialkräfte und Dämpfung im System zurückrechnen)	
	F	Frequenzauswertebereich bis mindestens f = 5 kHz	
	F	Verwendung von NI oder ROTEC Messsystem	
	F	Tragbild	
	F	Temperatur im Ölsumpf	
	F	Indirekte Bestimmung der Wellenverlagerung über Tragbild und Simulation	
	W	Direkte Messung der Wellenverlagerung über Verlagerungssensoren	
		Montage	
	W	Einfache De-/Montage der Verzahnungen	
		Material	
	F	Verzahnung Einsatzstahl	
	F	Welle Einsatzstahl	
	W	Gehäuse Aluminium	

	Ersetzt Ausgabe: vom	

WZL Aachen, Steinbachstr. 19, 52074 Aacher

Bild 9.8: Anforderungsliste zum zweistufigen Demonstratorgetriebe
Requirement List for the Two-Stage Demonstrator Gearbox

Wälzlager

- Lagerauslegung in BEARINX

	Welle 1		Welle 2		Welle 3	
	An	Ab	An	Ab	An	Ab
Modell	6206 − C	6305-C	6307 − C	6407	6210 − C	6210 − C
D/mm	62	62	80	100	90	90
d/mm	30	25	35		50	
n_{max} /rpm	17.800	17.800	13.600	9.500	11.700	11.700
L_{hmin} /h	1701		3317		1183	
n/rpm	6.000,00		1.586,21		467,73	
M/Nm	95,00		359,35		1218,66	

Welle und Welle-Nabe-Verbindung

			Welle 1	Welle 2	Welle 3
Welle	$M_{max,stat}/Nm$		196	742	2517
	n/rpm		17800	4706	1388
	d_{krit}/mm		20	45	45
	$S_Z/-$		3,22	3,76	1,85
	$S_F/-$		3,58	9,39	2,88
	$S_A/-$		10,49	8,61	5,24
Welle-Nabe-Verbindung	Welle	$S_{Fmax}/-$		5,27	3,95
		$S_{Feq}/-$		2,71	2,29
	Nabe	$S_{Fmax}/-$		4,27	2,93
		$S_{Feq}/-$		2,19	1,70
	Passfeder	$S_{Fmax}/-$		2,75	1,89
		$S_{Feq}/-$		1,41	1,10

Bild 9.9: Auslegung des Welle-Lager-Systems
Design of the Shaft-Bearing-System

In der Reihe **Ergebnisse aus der Produktionstechnik** zuletzt erschienen:

Schroers, Marius:
Gehörbezogene Auslegung zweistufiger Getriebe unter Berücksichtigung dynamischer Anregungseffekte
ISBN: 978-3-98555-165-1
Erscheinungsdatum: 01.08.2023

Vogel, Paul-Alexander:
Entwicklung eines Prozessmodells für die nicht-isotherme vakuum-unterstützte Dünnglasumformung
ISBN: 978-3-98555-140-8
Erscheinungsdatum: 21.06.2023

Ochel, Tim:
Prognostik zur Resilienzsteigerung im Werkzeugbau
ISBN: 978-3-98555-161-3
Erscheinungsdatum: 22.05.2023

Greipel, Jonathan:
Grouping of Inspection Characteristics to Reduce Costs of Adaptive Inspection Planning in Variant Production
ISBN: 978-3-98555-157-6
Erscheinungsdatum: 03.05.2023

Troß, Nico:
Mehrskalenmodellierung der thermomechanischen Werkzeugbelastung beim Trockenwälzfräsen
ISBN: 978-3-98555-158-3
Erscheinungsdatum: 19.04.2023

Müller, Ulrich:
Material Removal and Grinding Wheel Wear Mechanisms during Grinding of Polycrystalline Cubic Boron Nitride
ISBN: 978-3-98555-163-7
Erscheinungsdatum: 01.08.2023

Chavan, Prateek:
Substructuring Methods for Efficient Prediction of Spindle-Holder-Tool Assembly Dynamics
ISBN: 978-3-98555-160-6
Erscheinungsdatum: 05.06.2023

Schneidermann, Dennis:
Orchestration von Vertrauen in interorganisationalen Wissensnetzwerken der Fabrikplanung
ISBN: 978-3-98555-153-8
Erscheinungsdatum: 15.05.2023

Welsing, Martin:
Bewertung der ökologischen Nachhaltigkeit von Produktionsnetzwerkkonfigurationen
ISBN: 978-3-98555-155-2
Erscheinungsdatum: 19.04.2023

Beckers, Alexander:
Auslegung wirtschaftlich-technologisch optimierter Fertigungsprozessfolgen mittels prozessübergreifender Modellierung
ISBN: 978-3-98555-154-5
Erscheinungsdatum: 18.04.2023

Edition Wissenschaft
Apprimus

Nicksch, Christoph:

Konfiguration verteilter Large-Scale Metrology Systeme in rekonfigurierbaren Montageumgebungen

ISBN: 978-3-98555-152-1
Erscheinungsdatum: 20.03.2023

Ahmad, Mubarik:

Anregungsgerechte Auslegung und Tolerierung schnelllaufender Getriebe unter Berücksichtigung kurz- und langwelliger Verzahnungsabweichungen

ISBN: 978-3-98555-130-9
Erscheinungsdatum: 06.03.2023

Priwisch, Martin:

Kontaktfreie Bahnlaufregelung zur Herstellung funktionaler Mehrlagensysteme in einem kontinuierlichen Laminierprozess

ISBN: 978-3-98555-139-2
Erscheinungsdatum: 27.02.2023

Cremer, Sven:

Controlling der Migration in Produktionsnetzwerken

ISBN: 978-3-98555-145-3
Erscheinungsdatum: 09.02.2023

Ohlert, Marius:

Contact between Abrasive Media and Workpiece in Robot-guided Centrifugal Finishing

ISBN: 978-3-98555- 144-6
Erscheinungsdatum: 07.02.2023

Graberg, Tim:

Operationalisierung von digitalen Schatten im Werkzeugbau

ISBN: 978-3-98555-141-5
Erscheinungsdatum: 06.02.2023

Gipperich, Marius:

Untersuchung eines Zweistrahlprozesses als Ansatz zur Prozessstabilitätserhöhung des drahtbasierten Laserauftragschweißens

ISBN: 978-3-98555-151-4
Erscheinungsdatum: 15.03.2023

Motschke, Tobias:

Analyse und Modellierung der Dämpfungseigenschaften von Spindellagern

ISBN: 978-3-98555-148-4
Erscheinungsdatum: 06.03.2023

Frye, Maik:

Recommending Data Preprocessing Pipelines for Machine Learning Applications in Production

ISBN: 978-3-98555-147-7
Erscheinungsdatum: 15.02.2023

Schmidhuber, Matthias:

Sozio-technische Problemlösungsfähigkeit von PPS-Systemen

ISBN: 978-3-98555- 143-9
Erscheinungsdatum: 07.02.2023

Schwarberg, Thomas:

Bestimmung der Logik von Innovationsideen für technische Systeme

ISBN: 978-3-98555- 142-2
Erscheinungsdatum: 07.02.2023

Nienheysen, Philipp:

Werkstattgerechte Schadensanalyse in CFK-Strukturbauteilen mit optisch georteter Ultraschallmesstechnik

ISBN: 978-3-98555-136-1
Erscheinungsdatum: 30.01.2023

Edition Wissenschaft
Apprimus

Papier | Fördert gute Waldnutzung
FSC® C083411

Zeitfracht Medien GmbH
Ferdinand-Jühlke-Straße 7
99095 Erfurt, Deutschland
produktsicherheit@kolibri360.de